Das Raum-Zeit-Problem bei Kant und Einstein

von

Dr. Ilse Schneider

Berlin
Verlag von Julius Springer
1921

ISBN-13:978-3-642-90368-7 e-ISBN-13:978-3-642-92225-1
DOI: 10.1007/978-3-642-92225-1

Softcover reprint of the hardcover 1st edition 1921

Inhalt.

Einleitung.

Im Laufe der Jahrhunderte sind die Anschauungen über Raum, Zeit und Bewegung den verschiedenartigsten Wandlungen unterworfen gewesen. Gerade in jüngster Zeit scheint sich wieder eine große Umwälzung zu vollziehen.

Es ist die Relativitätstheorie *Einsteins*, die nicht nur den Physiker, sondern auch den Philosophen zur Stellungnahme zwingt. Mannigfacher Art sind ihre Beziehungen zur Philosophie. Um dieselben möglichst eindeutig festlegen zu können, müssen die ebenso tiefliegenden wie weitgreifenden Probleme der Relativitätstheorie, ihre Grundlagen und ihre Konsequenzen, von erkenntnistheoretischer Seite beleuchtet werden.

Die weit verbreitete Ansicht, daß die Relativitätstheorie mit unserer früheren Auffassung von Raum und Zeit gänzlich aufräumt, daß auch die philosophische Formulierung dieser Begriffe — wie sie uns besonders seit *Kant* geläufig ist — auf eine völlig neue Basis gestellt werden müsse, bedarf kritischer Untersuchung. — Zu diesem Zwecke muß die Relativitätstheorie selbst und der Stand des Problems bis zu ihrer Aufstellung — ganz besonders die kantische Lehre — zum Gegenstand eingehender Erörterung gemacht werden.

Eine lückenlose, historische Darstellung der Entwicklungsgeschichte des Raum-Zeit-Problems und des Bewegungsbegriffes ist hier nicht beabsichtigt. Nur wenige Punkte derselben, die in direktem Zusammenhang mit unserer Fragestellung stehen, sollen hervorgehoben werden, so daß der Stand der Wissenschaft bezüglich dieses Problems — wie ihn die Relativitätstheorie vorfand — beurteilt werden kann. Einige typische Gesichtspunkte lassen uns die Auslese treffen.

I.

Raum, Zeit und Bewegung bei Newton.

Seit *Aristoteles,* der in seiner Physik wohl als erster eine scharf umrissene Definition der Bewegung — als „Veränderung des Ortes" — gab[1]), läßt sich die Entwicklung der Begriffe von Raum, Zeit und Bewegung genau verfolgen. Über die Scholastik zu *Kopernikus* und von diesem zu *Galilei,* dem Begründer der Methode der modernen Naturwissenschaft hat unser Problem in vielfacher Umbildung die verschiedenartigsten Lösungsversuche erfahren. Obwohl die Formulierung des Trägheitsgesetzes durch *Galilei,* mit dem der aristotelische Standpunkt endgültig überwunden ist, die Voraussetzungen eines absoluten Raumes und — streng genommen — auch einer absoluten Zeit implicite enthält[2]), wurden diese Voraussetzungen erst von *Newton* offen ausgesprochen. Er ließ den Erklärungen, die er seinen „Prinzipien der Naturlehre"[3]) vorausschickte, eine Anmerkung folgen, in der er die Definition der Begriffe Raum, Zeit, Ort und Bewegung voraussetzt, aber eine höchst bedeutsame Unterteilung dieser Begriffe vornimmt. Er unterscheidet:

I. „Die absolute, wahre und mathematische Zeit verfließt an sich und vermöge ihrer Natur gleichförmig und

---

[1]) Als „Ort" definierte *Aristoteles* die Grenzfläche eines den Körper umfassenden, berührenden Körpers, vgl. *Aristoteles,* Physik 209b (Δ 2); 235a (Z 4); 211a (Δ 4); 250b (Θ 1).

[2]) Vgl. S. 4 Anm. 1.

[3]) Philosophiae naturalis principia mathematica. 1686.

ohne Beziehung auf einen äußeren Gegenstand (Dauer).

Die relative, scheinbare und gewöhnliche Zeit ist ein fühlbares, äußeres ... Maß der Dauer, dessen man sich gewöhnlich statt der wahren Zeit bedient (wie Stunde, Tag, ...).

II. Der absolute Raum bleibt vermöge seiner Natur und ohne Beziehung auf einen äußeren Gegenstand stets gleich und unbeweglich.

Der relative Raum ist ein Maß oder ein beweglicher Teil des ersteren ..."

Auch trennt er absoluten und relativen Ort, absolute und relative Bewegung.

Diese von *Newton* aufgestellten Sätze über Raum, Zeit und Bewegung haben lange die Alleinherrschaft im Reiche der Naturphilosophie und Physik innegehabt. Sein absoluter Raum, absolute Zeit und absolute Bewegung haben wie Dogmen für unantastbar gegolten, sogar zum Teil noch in der nachkantischen Zeit, obwohl *Kant*, der in gewisser Hinsicht seine Lehre auf der *Newton*schen aufbaute, schon über sie hinausgegangen ist. Inwiefern *Newtons* Lehre auf *Kant* von Einfluß war, und worin die wesentlichen Abweichungen bestehen, wird sich aus der folgenden Darstellung ergeben. *Newtons* absoluter Raum ist eine physikalisch nachweisbare Gegebenheit, nicht — wie der kantische absolute oder reine Raum — eine reine Anschauungsform, ein formales Prinzip. Nur eine Stelle in *Newtons* „Prinzipien" läßt ihn uns in anderem Lichte erscheinen, dort heißt es: „... so bedienen wir uns, und nicht unpassend, in menschlichen Dingen statt der absoluten Orte und Bewegungen der relativen; in der Naturlehre dagegen muß man von den Sinnen abstrahieren. Es kann nämlich der Fall sein, daß kein wirklich ruhender Körper existiert, auf welchen man die Orte und Bewegungen beziehen könnte." Hier scheint *Newton* doch an der Brauchbarkeit seines Begriffes vom absoluten Raume „in menschlichen Dingen" nicht unbedingt festzuhalten. Trotzdem steht selbst diese Wendung der kantischen Auffassung noch recht fern. *Newton* ist wohl in Anlehnung an *Galilei,* dessen „Anschauungsraum der zwecktätigen Natur" nur die einfachste Bewegung des sich selbst überlassenen Punktes zur Verwirklichung kommen läßt, zu seinem Raumbegriff gelangt. Vielleicht war auch die Lehre *Henry Mores*[1]) vom „immateriellen, realen Raum" von Einfluß auf ihn. — Einen physikalischen Beweis für die Realität des absoluten Raumes, der in seiner Unendlichkeit und Unbeweglichkeit göttliches Wesen ausdrückt, sieht *Newton* in den bei einer „absoluten Bewegung" (Rotation) auftretenden Fliehkräften. Er beschreibt einen von ihm selbst angestellten Versuch, bei dem er ein mit Wasser gefülltes Gefäß durch das Aufrollen eines fest zusammengedrehten Fadens in schnelle Rotation versetzte. Während die Oberfläche des Wassers trotz der Rotation anfangs eben war, beobachtete er, sobald das Wasser im Inneren merklich zu rotieren anfing, daß es an den Wänden des Gefäßes emporstieg und sich vom Mittelpunkt auf diese Weise entfernte. *Newton* sah in dem Emporsteigen des Wassers die Wirkung der „wahren, absoluten Bewegung", die sich zeigt, wenn die relative (des Wassers zum Gefäß) abnimmt, und am größten ist, wenn das Wasser relativ zum Gefäß ruht. Er glaubte damit den Beweis für die absolute Bewegung im absoluten

[1]) Über den Einfluß der Gedankengänge Galileis und Mores auf Newton vgl. *L. Lange,* Die geschichtliche Entwicklung des Bewegungsbegriffs. Leipzig 1886.

Raum und somit für die Realität des absoluten Raumes erbracht zu haben. Auch erdachte er noch einen anderen Versuch, ein Gedankenexperiment. An einem Faden seien in gegebener Entfernung zwei um den gemeinschaftlichen Schwerpunkt rotierende Kugeln angebracht. An der Spannung des Fadens bei einer durch Kräfte bewirkten Bewegungsänderung[1]) meinte er, die Größe und Richtung der Bewegung „in jedem unendlich großen leeren Raume“ erkennen zu können. *Newtons* Methode ist also folgende: Er schließt auf die „wahren absoluten Bewegungen aus ihren Wirkungen, Ursachen und scheinbaren Unterschieden.“ — Die an *Newtons* Beweisen in späterer Zeit geübte Kritik wird uns noch zu beschäftigen haben.

Hier sei daran erinnert, daß schon *Newtons* Zeitgenossen an seiner Bevorzugung der Rotation Anstoß nahmen, sie als ungerechtfertigt empfanden. So finden wir in dem Briefwechsel von *Leibniz* eine Diskussion über diesen Gegenstand mit *Huygens*. *Newton* würde wohl bei der neuen Ausgabe seines Buches seine Beweise, daß es andere als relative Bewegung gibt, zurücknehmen, schreibt *Huygens*[2]). *Leibniz* antwortet ihm über die Lehre *Newtons* (von dem er annimmt, daß er die „Äquivalenz der Hypothesen“ im Falle geradliniger Bewegung zugibt und nur die Kreisbewegung als absolute anspricht): „. . . aber ich habe Gründe, welche mich glauben lassen, daß nichts das allgemeine Gesetz der Äquivalenz durchbricht“. Es fiel *Leibniz* schon beim Lesen des *Newton*schen Buches auf, daß „die Kreisbewegung

[1]) Näheres hierüber vgl. *Newtons* „Prinzipien“, Schluß der zitierten Anmerkung.

[2]) *Huygens* an *Leibniz*, Brief vom 29. V. 1694; *Leibniz* an *Huygens*, Brief vom 12. VI. 1694.

gar kein Vorrecht hat" ... „daß alle Hypothesen äquivalent sind". *Leibniz* mußte bei seinen Anschauungen über den Begriff des Raumes diese Ansicht vertreten, sie ist eine notwendige Folge seiner ganzen Einstellung zu unserem Problem.

2.

Absoluter Raum und absolute Bewegung bei Kant.

Die erste Schrift, in der *Kant* zum Raum-Zeit-Problem in Verbindung mit dem Bewegungsbegriff Stellung nimmt, ist seine Abhandlung aus dem Jahre 1758 „Neuer Lehrbegriff der Bewegung und Ruhe"[1]). Er definiert die Bewegung als „Änderung des Ortes"[2]). Der Ort eines Dinges wird erkannt durch „die Lage, die Stellung oder durch die äußere Beziehung auf ... gewisse äußere Gegenstände". Je nach der Wahl dieser Gegenstände wird der Urteilende sich für „Ruhe" oder „Bewegung" entscheiden müssen, „so daß sein Urteil von der Bewegung und der Ruhe dieses Körpers niemals beständig sei". Die Relativität aller Bewegung ist ferner durch ein Beispiel erläutert[3]), das er mit der

[1]) „Neuer Lehrbegriff der Bewegung und Ruhe und der damit verknüpften Folgerungen in den ersten Gründen der Naturwissenschaft." Akad. Ausg. 2, 2 S. 17.

[2]) Diese Definition ist die aristotelische, doch fällt für Kant die Bedingung, daß der „umfassende, ortgebende Körper" berühren müsse, fort. Vgl. *Aristoteles*, Anm. 1 S. 2 und 200b, 201a (*T*); 227b (*E* 4).

[3]) Das Beispiel, das *Kant* anführt, ist die Bewegung einer Kugel auf dem Tisch eines Schiffes, welches sich selbst auf einem Flusse bewegt. Dieser wiederum macht die Bewegung der Erde mit. Das ganze Planetensystem aber mitsamt der Sonne wiederum erfährt (nach *Bradley*) „eine Verrückung in Ansehung des Fixsternhimmels". „Nach welcher Seite und mit welcher Geschwindigkeit?" fragt *Kant*.

Einsicht abschließt, daß „in dem Ausdruck der Bewegung und Ruhe etwas fehlt. Ich soll ihn niemals in absolutem Verstande brauchen, sondern immer nur respektive. Ich soll niemals sagen, ein Körper ruht, ohne dazuzusetzen, in Ansehung welcher Dinge er ruhe, und niemals sprechen, er bewege sich, ohne zugleich die Gegenstände zu nennen, in Ansehung deren er seine Beziehung ändert". Sehr charakteristisch fährt *Kant* fort: „Wenn ich mir auch gleich einen mathematischen Raum leer von allen Geschöpfen als ein Behältnis der Körper einbilden wollte, so würde mir dies doch nichts helfen. Denn wodurch soll ich die Teile desselben, die verschiedenen Plätze unterscheiden, die von nichts Körperlichem eingenommen sind." Das ist eine derart eindeutige Stellungnahme *Kants* für den relativistischen Gedanken, daß sie wohl kaum umstritten sein dürfte.

Ganz wesentlich anders gestaltet sich das Bild zehn Jahre später. „Vom ersten Grunde des Unterschiedes der Gegenden im Raume"[1]) heißt *Kants* Aufsatz aus dem Jahre 1768, in dem er „philosophisch den ersten Grund der Möglichkeit desjenigen" suchte, „wovon" *Leibniz* nach seiner Meinung in der Analysis situs „die Größen mathematisch zu bestimmen vorhabens war". *Kant* ist bemüht — wohl stark unter dem Einfluß einer Abhandlung *Eulers* (vom Jahre 1748) —, den Beweis zu finden, „daß der absolute Raum unabhängig von dem Dasein aller Materie und selbst als der erste Grund der Möglichkeit ihrer Zusammensetzung eine eigene Realität habe". Wie *Newton* mittels der Fliehkräfte bei seinem Wasserglas- und Kugelversuch die Realität des absoluten Raumes nachzuweisen sucht, so unternimmt es auch *Kant*, einen „Beweis" zu finden „in den anschauenden Urteilen"; also einen auf Anschauung gegründeten Be-

[1]) Akad. Ausg. 2, 2.

weis. Allerdings nimmt er kein Beispiel aus der Dynamik, aber trotzdem sind seine Gedankengänge hier den *Newton*schen verwandt. *Kant* will „den inneren Grund der Unterschiede" von Rechts- und Linkssystemen (wie wir sagen würden), z. B. bei Schnecken- oder Schraubenwindungen, im Windungssinn von Hopfen und Bohnen usw. oder auch der Symmetrie aber Inkongruenz zweier sphärischer Dreiecke auf verschiedenen Hemisphären aufdecken. Diesen Grund sucht auch er in einem „absoluten, reinen, ursprünglichen Raum". Aber trotzdem steht er nicht, wie es den Anschein hat, auf demselben Standpunkt wie *Newton.* Denn am Schluß dieser Schrift schon heißt es: „Dieser Raum ist kein Gegenstand äußerer Empfindung, sondern ein Grundbegriff, der alle diese zuerst möglich macht." Diese Äußerung enthält schon den Keim der Lehre von den reinen Anschauungsformen und scheint auf sie hinzuweisen, wie sie z. B. in der „Dynamik"[1]) gelehrt wird, „daß der Raum keine Eigenschaft sei, die irgendeinem Dinge außer unseren Sinnen anhängt, sondern nur die subjektive Form unserer Sinnlichkeit, unter welcher uns Gegenstände äußerer Sinne erscheinen". Wenn *Kant* auch 1768 noch von „Grundbegriffen" spricht und daher die „Kategorien" noch nicht von den „Anschauungsformen" unterscheidet, so scheint doch schon ein Hinweis gegeben auf die spätere Lehre. *Kant* war also begrifflich schon in der vorkritischen Zeit über *Newtons* Standpunkt hinaus.

Für die Zeit gelten analoge Betrachtungen wie für den Raum. Auch sie ist für *Kant* nichts Empirisches: „nec substantia, nec accidens, nec relatio"[2]), sondern eine not-

---

[1]) „Dynamik" heißt das zweite Hauptstück der „Metaphysischen Anfangsgründe der Naturwissenschaft". 1786.

[2]) So heißt es in seiner Dissertation vom Jahre 1770. „De mundi sensibilis atque intelligibilis forma et principiis."

wendige Bedingung, ein formales Prinzip der sinnlichen Welt.

Es bedarf einer genauen Kenntnis nicht nur der Kritik der reinen Vernunft, sondern noch eines späteren Werkes, um *Kants* Stellung zum Raum-Zeit-Problem und zum Bewegungsbegriff beurteilen zu können. Es sind die „Metaphysischen Anfangsgründe der Naturwissenschaften", die uns wichtige Aufschlüsse geben, und deren Inhalt nicht in dem Maße als bekannt vorausgesetzt werden darf, wie die Ausführungen der Kritik der reinen Vernunft. Sie lehren das System *Kants* in bezug auf unser Problem erst in seiner Vollständigkeit begreifen. Raum, Zeit und Bewegung als Grundbegriffe der Physik hat *Kant* hier in engster Verbindung mit seiner philosophischen Formulierung der „reinen Anschauungsformen" (welche uns noch etwas näher zu beschäftigen haben wird), behandelt. Eine Trennung des von *Kant* selbst als zusammengehörig Betrachteten, eine einseitige Erörterung von Raum und Zeit unter alleiniger Zugrundelegung der rein philosophischen Schriften wäre daher willkürlich und zu Mißverständnissen führend.

Die 1. Erklärung der „Phoronomie"[1]) nennt den „absoluten oder reinen Raum", denjenigen, „in welchem alle Bewegung zuletzt gedacht werden muß". Diese Ausdrucksweise hat zu sehr viel Mißverständnissen Anlaß gegeben. Es ist notwendig, die zur Erklärung gehörigen Anmerkungen genau zu lesen, um zu wissen, worin sich *Kants* absoluter Raum von dem *Newton*schen (und dem *Euler*schen) wesent-

---

[1]) 1. Hauptstück der „Metaphysischen Anfangsgründe der Naturwissenschaften". 1786. (2. Hauptstück: Dynamik, 3. Hauptstück: Mechanik, 4. Hauptstück: Phänomenologie.) Akad. Ausg. 4, 4.

lich unterscheidet: „Ein beweglicher Raum, wenn seine Bewegung soll wahrgenommen werden, setzt wiederum einen anderen erweiterten, materiellen Raum voraus, in welchem er bewegt ist, dieser ebensowohl einen anderen und so forthin ins Unendliche. Also ist alle Bewegung, die ein Gegenstand der Erfahrung ist, bloß relativ." Nach einigen Ausführungen über den relativen Raum sagt *Kant*: „... einen absoluten Raum, das ist einen solchen, der, weil er nicht materiell ist, auch kein Gegenstand der Erfahrung sein kann, als für sich gegeben annehmen, heißt etwas, das weder an sich, noch in seinen Folgen (!) (der Bewegung im absoluten Raum) wahrgenommen werden kann[1]), um der Möglichkeit der Erfahrung willen annehmen, die doch jederzeit ohne ihn angestellt werden muß. Der absolute Raum ist also an sich nichts und gar kein Objekt, sondern bedeutet nur einen jeden anderen relativen Raum, den ich mir außer dem gegebenen jederzeit denken kann ..." Es geht hieraus mit aller nur wünschenswerten Klarheit hervor, was für *Kant* der absolute Raum bedeutet. Er ist eben keine physikalisch nachweisbare Gegebenheit, nicht an seinen Folgen (der Bewegung im absoluten Raum) erkennbar, sondern — ebenso wie die absolute Zeit — eine „Regel", ein rein formales Prinzip, durch welches erst die Möglichkeit der Erfahrung konstituiert wird. Zum Verständnis dieser Anmerkung ist es erforderlich, sich bewußt zu sein, daß sie ein nachkritisches Urteil *Kants* enthält, also nicht etwa mit den Ausführungen vom Jahre 1768 auf gleiche Stufe gestellt werden darf. Durch eine solche Gleichstellung würde eine zweifache Auslegbarkeit der Kantischen Gedankengänge vorgetäuscht, während

---

[1]) Im Gegensatz zu *Newton*, der gerade durch die „wahrgenommenen Folgen" (die Bewegung im absoluten Raum) die Realität des absoluten Raumes nachzuweisen suchte.

vollständige Eindeutigkeit vorliegt. Zum Schluß der zitierten Anmerkung heißt es dann noch vom absoluten Raum, der ein „reiner, nicht empirischer" ist: „Ihn zum wirklichen Dinge zu machen, heißt die logische Allgemeinheit irgendeines Raumes, mit dem ich jeden empirischen als darin eingeschlossen vergleichen kann, in eine physische Allgemeinheit des wirklichen Umfanges verwechseln und die Vernunft in ihrer Idee mißverstehen." In gleichem Sinne ist auch die Anmerkung zur 2. Erklärung zu verstehen, in der *Kant* dieselben und ähnliche Beispiele anführt wie 1768. Aber hier tritt — im Gegensatz zu der damaligen Schrift — die typisch nachkritische Fassung mit aller Deutlichkeit hervor. Der Unterschied von Rechts- und Linkssystemen „läßt sich zwar in der Anschauung geben, aber gar nicht auf deutliche Begriffe bringen, mithin nicht verständlich erklären (dari non intelligi)". *Kant* fährt dann fort, dieser Satz gäbe einen guten bestätigenden Beweisgrund zu dem Satze: „daß der Raum überhaupt nicht zu den Eigenschaften oder Verhältnissen der Dinge an sich selbst . . ., sondern bloß zu der subjektiven Form unserer sinnlichen Anschauung von Dingen oder Verhältnissen . . . gehöre". Das ist also für *Kant* eine Bestätigung seines transzendentalen Idealismus. An anderer Stelle merkt er an, daß der absolute Raum „für alle mögliche Erfahrung nichts ist", nachdem er das Relativitätsgesetz der Bewegung als Grundsatz aufgestellt hat: „Eine jede mögliche Bewegung als Gegenstand einer möglichen Erfahrung kann nach Belieben als Bewegung des Körpers in einem ruhigen Raum, oder als Ruhe des Körpers und dagegen Bewegung des Raumes in entgegengesetzter Richtung mit gleicher Geschwindigkeit angesehen werden." — Es wäre unrichtig, diese Auffassung *Kants* vom „absoluten Raum" nur in der Phoronomie suchen zu wollen.

Auch in der Dynamik ist der „absolute Raum“ nur in dem gleichen Sinne zu verstehen, auch hier ist der absolute Raum kein „wirklicher“ [1]).

Gegen den Begriff einer „absoluten Bewegung“ (gegründet auf den Begriff des absoluten Raumes) nimmt *Kant* mehrfach ganz unzweideutig Stellung. Wenn er auch — was leicht zu Irrtümern führen konnte — die „wirkliche“ Bewegung von einer „scheinbaren“ unterscheidet, so ist doch die Absolutheit ein Prädikat, das er jeder — nicht nur phoronomischen, sondern auch dynamischen — Bewegung abspricht. Um diese Behauptung, die manchem Naturforscher befremdlich erscheinen mag [2]), zu belegen, soll an den Beweis des ersten Lehrsatzes der Phänomenologie erinnert werden, in dem es heißt: „Da ... Bewegung nur insofern Gegenstand der Erfahrung sein kann, als beide Correlate Gegenstände der Erfahrung sind; der reine Raum aber, den man auch im Gegensatze gegen den relativen (empirischen) den absoluten Raum nennt [3]), kein Gegenstand

---

[1]) Vgl. z. B. Anm. 2 zum 8. Lehrsatz der Dynamik: „Es ist aber ein Unterschied zwischen dem Begriffe eines wirklichen Raumes, der gegeben werden kann, und der bloßen Idee von einem Raume, der lediglich zur Bestimmung des Verhältnisses gegebener Räume gedacht wird, in der Tat aber kein Raum ist, zu machen.“

[2]) So behauptet beispielsweise *Weyl*, daß auch *Kant* der Rotation absolute Bedeutung zugeschrieben habe. „Raum, Zeit, Materie“ von *H. Weyl.* 1918. Verlag Springer, Berlin. Kap. 4: „Doch hat die Vernunft dieses ihr zugemutete Abstrusum niemals recht verdauen können“ (trotz aller metaphysischen Rechtfertigungsversuche, vgl. z. B. *Kants* Metaphysische Anfangsgründe der Naturwissenschaften).

[3]) Die Kantische Terminologie legt eine Verwechslung dieser Begriffe mit den *Newton*schen nahe, aber gerade deswegen ist vor der Identifizierung des *Newton*schen „absoluten Raumes“ und des Kantischen eindringlichst zu warnen.

der Erfahrung und überall nichts ist, so ist die gradlinigte Bewegung ohne Beziehung auf irgend etwas Empirisches, das ist absolute Bewegung, schlechterdings unmöglich." Im 2. Lehrsatz wird die „wirkliche" Bewegung im Gegensatz zum „bloßen Schein" gekennzeichnet. Und zwar ist es „die bewegende Kraft", die diesen Unterschied bedingt[1]). Dynamische Rücksichten lassen also *Kant* die „wirkliche Bewegung" auszeichnen. Daß aber *Newton* zu weit geht, wenn er „absolute Bewegung" erweisen will, darüber ist *Kant* nicht im Zweifel. In Anknüpfung an die *Newton*schen Versuche bemerkt er: „... daß eine Bewegung, die eine Veränderung der äußeren Verhältnisse im Raum ist, empirisch gegeben werden könne, obgleich dieser Raum selbst nicht empirisch gegeben und kein Gegenstand der Erfahrung ist, welches Paradoxon aufgelöset zu werden verdient." Also ist sich *Kant* über diesen Punkt vollkommen klar gewesen, er hat durchaus nicht blindlings die *Newton*schen Sätze angenommen. Daß es keine absolute Bewegung und keinen durch eine solche nachweisbaren absoluten Raum geben könne, war für *Kant* außer Frage. Er verfügte nur über die *Newton*sche (resp. *Galilei*sche) Physik, aber sie ist nicht die einzige mit seiner Formulierung des Raum-Zeit-Problems vereinbare[2]).

Auch in der allgemeinen Anmerkung zur Phänomeno-

---

[1]) Vgl. Phänomenologie: ... eine durch Erfahrung erweisliche dynamische „Veränderung des Verhältnisses der Materie in ihrem Raum".

[2]) Die Kantische Fassung des Trägheitsgesetzes ist zweifellos (vielleicht unter Eulers Einfluß) eine unbestimmtere, als wir sie nach seiner prinzipiellen Einstellung erwarten konnten, aber es wäre zwecklos, auf diese Nebensächlichkeiten hier einzugehen.

logie ist *Kants* Auffassung der Unmöglichkeit einer absoluten Bewegung nicht mißzuverstehen. Er führt aus: „. . . daß alle Bewegung oder Ruhe bloß relativ und keine absolut sein könne, das ist, daß Materie bloß im Verhältnis auf Materie, niemals aber in Ansehung des bloßen Raumes ohne Materie als bewegt oder ruhig gedacht werden könne, mithin absolute Bewegung, das ist eine solche, die ohne alle Beziehung einer Materie auf eine andere gedacht wird, schlechthin unmöglich sei . . .". Oder an anderer Stelle sagt er mit Bezug auf die Rotation: „. . . allein es ist wohl zu merken, daß hier von der wahren (wirklichen) Bewegung . . ., das ist von der wahren Bewegung zum Unterschiede vom Schein, nicht aber von ihr als absoluten Bewegung im Gegensatze der relativen die Rede sei . . .". Über den leeren absoluten Raum spricht sich *Kant* ganz klar aus, wenn er sagt: „Er ist also gar nichts was zur Existenz der Dinge, sondern bloß zur Bestimmung der Begriffe gehört, und sofern existiert kein leerer Raum." Daß für ihn die wahre Bewegung, die Kreisbewegung, eine Ausnahmestellung einnimmt, und von der geradlinigen Translation als scheinbarer Bewegung unterschieden wird, beweist, wie aus den zitierten Stellen ersichtlich, keineswegs, daß *Kant* die Rotation für eine „absolute Bewegung" gehalten habe. Das ist wohl zur Genüge belegt. Eine in diesem Sinne ganz besonders klare Fassung *Kants*, die jedes Mißverständnis unmöglich machen sollte, bilde den Abschluß: „Der absolute Raum ist also nicht als ein Begriff von einem wirklichen Objekt, sondern als eine Idee, welche zur Regel dienen soll, alle Bewegung in ihm bloß als relativ zu betrachten, notwendig . . .[1])."

---

[1]) Allgemeine Anmerkung zur Phänomenologie.

3.
Kants kritischer Idealismus und die Naturwissenschaft.

Eine ausführliche Darstellung der transzendentalen Ästhetik ist hier nicht beabsichtigt; es ist die Lehre von der empirischen Realität und transzendentalen Idealität, die wir mit der Relativitätstheorie zu konfrontieren haben. Raum sowohl wie Zeit haben nach *Kant* — hierin steht er in schärfstem Gegensatz zu *Newton* — keine absolute Realität, sondern nur empirische Realität, d. h. objektive Gültigkeit für die Welt der Erscheinungen[1]). — *Kants* transzendentaler Idealismus gibt gleichzeitig eine gesicherte Grundlage für die Naturwissenschaften, im besonderen für die reine Naturwissenschaft. Denn er besagt, daß der Raum, und dasselbe gilt für die Zeit, „nichts" ist, „wenn wir die Bedingung der Möglichkeit aller Erfahrung weglassen"[2]). Dieser Idealismus hat mit dem „materialen" Idealismus, sowohl dem problematischen des *Descartes*, als auch dem dogmatischen *Berkleys*, nichts gemein. In seiner „Widerlegung des Idealismus"[3]) hat *Kant* dies ausdrücklich betont. Für seine Lehre von der empirischen Realität und transzendentalen Idealität ist die Wirklichkeit der Erscheinungswelt Vorbedingung. Damit der Idealismus nicht in der „rezipierten Bedeutung" verstanden werde, hat *Kant*

---

[1]) Vgl. „Critik der reinen Vernunft", zweite hin und wieder verbesserte Auflage. Riga, bei Johann Friedrich Hartknoch. 1787. S. 52, 53 sprechen gegen die von *Newton* angenommene absolute Realität. (Es werden stets nur die Seitenzahlen dieser Ausgabe als K. d. r. V. zitiert.)

[2]) „Von dem Raume", K. d. r. V. S. 44.

[3]) K. d. r. V. S. 274 ff.

ihn transzendental genannt, was ihm nie eine „Beziehung unserer Erkenntnis auf Dinge, sondern immer auf Erkenntnisvermögen" bedeutet[1]. *Kants* transzendentaler oder kritischer Idealismus ist daher die Grundlage für die Naturwissenschaft, die sich mit den „Dingen als Gegenständen einer möglichen Erfahrung" beschäftigt und „Erfahrungsurteile" aufstellt, die objektive Gültigkeit haben. —

Der Raum, der „Form der Anschauung" und „formale Anschauung" ist, — als welche er „Einheit der Vorstellung"[2] gibt, — ebenso wie die Zeit sind Anschauungen a priori. Die reinen Anschauungen und die reinen Verstandesbegriffe sind „Elemente der Erkenntnis . . ., die auf Gegenstände möglicher Erfahrung eingeschränkt . . ., aber darum nicht alle von der Erfahrung entlehnt ist"[3]. Darum sagt *Kant* von diesen Elementen, daß sie „in uns a priori angetroffen werden". Sein Apriori ist kein zeitliches Vor-der-Erfahrung, sondern ein logisches, ein Unabhängigsein von der Erfahrung. Auch er kennt keine angeborenen Begriffe, sondern — wie *Locke* — nur erworbene. — Wieweit nun die apriorische Erkenntnis sich erstreckt, hat *Kant* scharf abgegrenzt. Nur insoweit ist es möglich, „den Erscheinungen a priori Gesetze vorzuschreiben", als es sich um allgemeine Gesetze handelt, „auf denen eine Natur überhaupt, als Gesetzmäßigkeit der Erscheinungen in Raum und Zeit, beruht"[4]. Diese „allgemeinen Gesetze" bleiben,

---

[1]) Prolegomena der Hauptfrage erster Teil § 13, Anm. 3.

[2]) K. d. r. V. S. 160, Transzendentale Deduktion der reinen Verstandesbegriffe.

[3]) K. d. r. V. S. 166. Resultat dieser Deduktion der Verstandesbegriffe.

[4]) K. d. r. V. S. 165 § 26. Transzendentale Deduktion.

welche Art der mathematischen Beschreibung auch zugrunde gelegt wird, und der Begriff des Apriori ist unwandelbar, falls man nicht einem fatalen Psychologismus anheimfallen will. Die „besonderen Gesetze, weil sie empirisch bestimmte Erscheinungen betreffen", sind, ohne die Erfahrung zu Hilfe zu nehmen, nicht ableitbar. — Die Frage nach der objektiven Gültigkeit synthetischer Urteile a priori löst *Kant* in der transzendentalen Ästhetik durch die Lehre von der empirischen Realität und transzendentalen Idealität von Raum und Zeit und andererseits in der transzendentalen Deduktion der Kategorien aus den Urteilsfunktionen. — Daß nun Denkgesetze und Natur wirklich in Harmonie stehen, hat *Kant* bewiesen dadurch, daß er den einheitlichen Grund in dem Prinzip der synthetischen Einheit des Denkens aufdeckte. Die Gesetze der Natur sind „die Gesetze der Erfahrung der Natur"[1]; die „Analogien der Erfahrung" ermöglichen eine Erkenntnis der Natur überhaupt. Für den Physiker bleibt die Aufgabe, die besonderen Gesetze zu ermitteln.

Es ist von Wichtigkeit zu wissen, daß *Kant* der reinen Naturwissenschaft einen Weg gewiesen hat, der auch heute noch gangbar und begangen ist: von den allgemeinen Prinzipien ausgehend mit Hilfe der Erfahrung, des Experiments, die speziellen Gesetze zu finden. Als erster hat wohl *Galilei* diese Art der Schlußweise in die Naturwissenschaft einzuführen gesucht. — Es ist aber die Gültigkeit eines Naturgesetzes nicht von der mehr oder weniger großen Vervollkommnung des Experimentierens abhängig. So sagt *Planck* in seinem Beweis des zweiten Hauptsatzes der Wärmetheorie, daß die Grenzen des Satzes nur in der beobachteten

[1] Vgl. *A. Riehl*, „Der philosophische Kritizismus, Geschichte und System". 2. Aufl. S. 559. Leipzig 1908.

Natur liegen können, nicht im beobachtenden Menschen, und daran ändert es nichts, „daß wir uns zur Ableitung des Satzes menschlicher Erfahrung bedienen; das ist überhaupt der einzige Weg für uns, um zur Erkenntnis von Naturgesetzen zu gelangen"[1]).

Auch *Einstein* ist den gleichen Weg gegangen, auch er hat seine Theorie in dieser Weise vom Prinzipiellen ausgehend, an Hand der Erfahrung fortschreitend, geschaffen. Von dem Kausalitätsgesetz als einer „Aussage über die Erfahrungswelt" geht er aus[2]). — Nur die bleibenden Beziehungen der Dinge, die Gesetzmäßigkeit der Natur, sind der Gegenstand jeder Naturwissenschaft. Die Arbeit des Physikers wäre eine vergebliche, ja sogar eine sinnlose, wollte er an dem Idealismus in „rezipierter Bedeutung" festhalten. Auf dem kantischen transzendentalen Idealismus fußend aber kann die Naturwissenschaft aufbauen. Wenn man Kant nicht willkürlich und vorsätzlich mißverständlich interpretiert, sieht man auch die vermeintlich so scharfen Widersprüche zu den modernen relativistischen Ideen schwinden. Es war deshalb wichtig, die so oft mißverstandene Lehre *Kants* von der Bewegung und vom absoluten Raum näher zu erörtern und ihre wesent-

---

[1]) *M. Planck*, „Vorlesungen über Thermodynamik". Leipzig 1911. Dort heißt es weiter: „. . . sind sie einmal erkannt, so müssen sie auch als selbständig anerkannt werden, soweit wir überhaupt davon reden können, daß ein Naturgesetz unabhängig vom denkenden Geiste Bestand hat; und wer dies leugnen wollte, müßte die Möglichkeit einer Naturwissenschaft überhaupt leugnen."

[2]) *A. Einstein*, „Die Grundlage der allgemeinen Relativitätstheorie". 1916. § 2, S. 9. Näheres über diesen methodischen Gesichtspunkt wird weiter unten an dem Beispiel des Äquivalenzprinzipes erläutert werden.

lichen Unterschiede von der *Newton*schen Theorie klarzulegen. Zu dieser allerdings steht *Einsteins* Relativitätstheorie in vollkommenem Gegensatz (das wird sich im Laufe der Untersuchung herausstellen), mit dem *Newton*schen Begriff des absoluten Raumes hat sie endgültig aufgeräumt, aber deshalb keineswegs mit dem kantischen.

4.

Naturphilosophische Betrachtungen in der nachkantischen Zeit.

Heinrich Hertz hat seinen „Prinzipien der Mechanik"[1]) eine naturphilosophische Betrachtung über Raum, Zeit und Masse vorangeschickt. Man kann vollkommene Übereinstimmung mit *Kant* feststellen. Er erkennt die Gültigkeit synthetischer Urteile a priori an, sein erstes Buch enthält eigentlich nur solche. Scharf trennt er die philosophische Begriffsbildung von der physikalischen. Er unterscheidet die Sätze der Erfahrung von denen, die sich auf „innere Anschauung" berufen und dementsprechend Mechanik von Geometrie und Kinematik. Der Raum des ersten Buches von *Hertz'* Mechanik ist ebensowenig meßbar, wie es *Kants* reiner Raum ist: „Der Raum des ersten Buches ist der Raum unserer Vorstellung"[2]). Was den Begriff der Meßbarkeit hineinträgt, ist die Erfahrung. Hier liegt die Grenze des Apriorischen. Um zu wissen, was *Hertz* mit „innerer Anschauung" meint, soll dieser Ausdruck, der von *Kant* stammt, näher erläutert werden. Die rein formale Natur der „inneren

[1]) *Heinrich Hertz,* „Die Prinzipien der Mechanik". Leipzig 1894.

[2]) Vorbemerkung zum 1. Buch.

Anschauung" wird am besten durch Beispiele begreiflich. Die „Konstruktion von Begriffen" liefert uns ein solches. *Kant* definiert in seiner Streitschrift gegen *Eberhard*[1]): „Die Konstruktion eines Begriffes als Darstellung eines Begriffes durch die selbsttätige Hervorbringung einer ihm korrespondierenden Anschauung." Die reine, symbolische Konstruktion geschieht „durch bloße Einbildungskraft einem Begriffe a priori gemäß". An einer Materie ausgeübte, empirische Konstruktion unterscheidet er scharf als technische von der reinen, schematischen. Nur sie fällt in den Bereich der inneren Anschauung. Noch klarer wird dies Beispiel, wenn man die Ausführungen *Kants* über den gleichen Gegenstand in der Kritik der reinen Vernunft heranzieht[2]). Dort heißt es in der Unterscheidung mathematischer von philosophischer Erkenntnis: „Zur Konstruktion eines Begriffes wird also eine nicht empirische Anschauung erfordert" oder ebenda: „Einen Begriff aber konstruieren, heißt, die ihm korrespondierende Anschauung a priori darstellen." Es handelt sich nicht um ein Anschauen, sondern um ein „Anschauendmachen nach dem Begriffe, ohne alle empirische Beihilfe". Was aus den allgemeinen Bedingungen der Konstruktion folgt, muß auch von dem Objekte des konstruierten Begriffes allgemein gelten. In diesem Sinne konstruiert die Arithmetik ebenso wie die Geometrie. So ist also *Kants* Lehre von der „inneren Anschauung" zu verstehen, auf der *Heinrich Hertz* seine Kinematik aufbaut. Die Kinematik liegt der Mechanik zugrunde. Sie formuliert Gesetze, die aus einer Summe von Einzel-

---

[1]) „Über eine Entdeckung, nach der alle neue Kritik der reinen Vernunft durch eine ältere entbehrlich gemacht werden soll." 1790. Akad. Ausg. Bd. 8, Anm. S. 191—192.

[2]) K. d. r. V. S. 741.

erfahrungen nicht ableitbar gewesen wären. „Die allgemeinen Naturgesetze haben ihren Grund im Verstande, es sind logische Gesetze einer möglichen Erfahrung, die besonderen dagegen sind durch jene Verstandesgesetze unbestimmt gelassen"[1]. *Hertz* hat mit tiefem Verständnis die philosophischen Grundlagen der Physik untersucht und die Begriffe: Raum, Zeit und Masse als die grundlegenden erkannt, deren fundamentale Bedeutung — vor allem in ihrem Zusammenhang untereinander — in der *Einstein*schen Relativitätstheorie in Erscheinung tritt.

Wieweit der Ideenkreis der positivistischen Schule für die Relativitätstheorie von Bedeutung war und die Beziehungen zur *Mach*schen Philosophie im besonderen, sollen hier nicht erörtert werden. Nur eine für die Entwicklung des relativistischen Gedankens sehr bedeutsame Tatsache muß Erwähnung finden. An den Namen *Machs* knüpft sich das Verdienst, den *Newton*schen Wasserglasversuch als unzureichend gekennzeichnet zu haben. Der Versuch *Newtons* lehrt nach *Machs* Auffassung nur, „daß die Relativdrehung des Wassers gegen die Gefäßwände keine merklichen Zentrifugalkräfte weckt, daß dieselben aber durch die Relativdrehung gegen die Masse der Erde und der übrigen Himmelskörper geweckt werden"[2]. Der eine vorliegende Versuch müsse mit den übrigen uns bekannten Tatsachen in Einklang gebracht werden. (Ebenso sagt er von den Bewegungen im Weltsystem in bezug auf die ptolemäische und auf die kopernikanische Auffassung: „Das Weltsystem ist uns nicht zweimal gegeben mit ruhender und mit rotie-

[1]) Sagt Riehl in seiner Darstellung der transzendentralen Deduktion. „Kritizismus" 2. Aufl. S. 519.

[2]) „Die Mechanik in ihrer Entwicklung historisch-kritisch dargestellt". E. Mach, Leipzig 1908.

render Erde, sondern nur einmal mit seinen allein bestimmbaren Relativbewegungen . . . Wir können den einen uns gegebenen Fall in verschiedener Weise interpretieren.") *Mach* hat also nachgewiesen, daß die parabolische Gestalt der Flüssigkeitsoberfläche nicht von einer Bewegung gegen den „absoluten Raum" herzurühren braucht, sondern von einer Bewegung gegen die Massen des Universums herrühren kann[1]). Aber er hat nicht nachgewiesen, daß ersteres unmöglich ist. — Der *Newton*sche Beweis des absoluten Raumes ist also anfechtbar. Das hat die prinzipielle Überlegung *Machs* ergeben. Im Anschluß an diese Betrachtungen gibt er eine Kritik der *Galilei*schen Formulierung des Trägheitsgesetzes: „Wenn wir sagen, daß ein Körper seine Richtung und Geschwindigkeit im Raum beibehält, so liegt darin nur eine kurze Anweisung auf Beachtung der ganzen Welt." Dieser Hinweis *Machs* zeigt, daß er auch in diesem Punkt mit schärfster Kritik an die bestehende Physik herantritt.

Ganz anderer Natur sind die Überlegungen, die *C. Neumann*[2]) an *Galileis* Gesetz angeknüpft hatte. Er vermißt die nähere Bestimmung zu der Geradlinigkeit der Punktbewegung und fragt nun: geradlinig in bezug auf welchen Körper? (Eine Bewegung, die in bezug auf die Erde geradlinig ist, ist in bezug auf die Sonne krummlinig.) In der *Galilei-Newton*schen Mechanik sei dieser Bezugskörper ein und derselbe. Das nötigt *Neumann* dazu, einen „absolut starren Körper" im Weltenraum anzunehmen, der für alle

---

[1]) „Niemand kann sagen, wie der Versuch verlaufen würde, wenn die Gefäßwände immer dicker und massiger, zuletzt mehrere Meilen dick würden." E. Mach, l. c.

[2]) „Über die Prinzipien der Galilei-Newtonschen Theorie." Akadem. Antrittsvorlesung von Dr. *C. Neumann*. Leipzig 1869.

Zeit unveränderlich ist. Diesen Körper nennt er den Körper Alpha. Die Bewegung des Punktes ist dann als Bewegung in Bezug auf Alpha (nicht auf den „Anschauungsraum", nicht auf den „absoluten Raum") zu charakterisieren. „Gleiche Zeitintervalle sind diejenigen, innerhalb welcher ein sich selbst überlassener Punkt gleiche Wegabschnitte zurücklegt." Das Prinzip des absoluten Raumes und der absoluten Bewegung ist in greifbarer, anderer Form wieder in Anwendung: die absolute Bewegung ist Bewegung gegen dies Alpha; der absolute Raum ist ersetzt durch den Körper Alpha, dessen Existenz postuliert wird — ähnlich wie die des Lichtäthers — als die eines „intermediären Prinzips"[1]). *Neumann* äußerte die Vermutung, daß Alpha (als Bezugskörper) durch die „Hauptträgheitsachsen des Weltalls", das heißt sämtlicher im Universum enthaltenen Materie, repräsentiert werde.

L. Lange[2]) gab eine abstraktere Formulierung. Die Konvention eines „Inertialsystems", einer „Inertialzeitskala" und einer „Inertialruhe" (resp. -bewegung) wird eingeführt, um den Begriff des absoluten Raumes, jenes „transzendenten Gespenstes", und der absoluten Bewegung zu ersetzen[3]). Er definiert dann die Bewegung als Veränderung relativ zu einem bloß vorgestellten Bezugssystem[4]). (*Lotzes* „ideales Koordinatensystem"

---

[1]) Für Alpha darf jeder zu ihm in geradlinig gleichförmiger Bewegung befindliche Bezugskörper eintreten.

[2]) *Ludwig Lange* (l. c. Anm. 1 S. 4). S. 118ff.

[3]) Derselbe l. c. S. 127 „Wir können nun einmal über die Bewegung relativ zu diesem Gespensterraume nichts aussagen, ohne die unserer Erkenntnis gesteckten Grenzen zu überschreiten."

[4]) Das Inertialsystem wird definiert „als ein solches räumliches System, in bezug worauf drei sich selbst überlassene materielle Punkte, die gleichzeitig vom selben Raumpunkt

leistete nahezu das Gleiche, *Lange* vermißte aber die Bestimmung des dynamischen Charakters dieses Systems.) Auch das von *Lange* definierte System kann — wie der Körper Alpha — durch andere, in gleichförmiger Translation zu ihm befindliche, ersetzt werden. Gedanklich bedeutet der *Lange*sche Vorschlag sicherlich einen Fortschritt auf dem Wege der Entwicklung des Relativitätsgedankens.

Die kritischen Untersuchungen über das Raum-Zeit-Problem von *Henri Poincaré* haben die philosophische wie die physikalisch-mathematische Theorie erheblich gefördert. Er unterscheidet scharf zwischen den psychologischen und den physikalischen respektive mathematischen Begriffen von Raum, Zeit und Relativität. Diese Unterscheidung hat sich als äußerst fruchtbringend erwiesen. Besonders lehrreich sind *Poincarés* Betrachtungen über die Entstehung des Raumbegriffes, wie wir sie in seinen Abhandlungen „L'Espace et le Temps“[1]) und „On the Foundations of Geometry“[2]) finden. Er lehrt eine dynamische Theorie der Dimensionenzahl, zu der er auf dem Wege der Gruppentheorie mit Hilfe des Begriffes der „Ortsveränderungen“ und andererseits des „Schnittes“ im Kontinuum gelangt[3]). Seine Aus-

---

projiziert worden sind, auf drei bestimmten in einem Punkte zusammenlaufenden Geraden dahinschreiten“. — In jüngster Zeit treten in veränderter Form verwandte Gedanken auf. Vgl. über die „Inertialsysteme im gravitationsfreien Neutralfeld“ die Arbeit von *H. Holst*: „Wirft die Relativitätstheorie den Ursachsbegriff über Bord?“ Zeitschr. f. Physik, 1. Band, Heft 1, 1920.

[1]) Dernières Pensées, Paris, Flammarion, 1913.

[2]) The Monist, Chicago, 1898 und Revue générale des sciences.

[3]) *I. Schneider*, „Raum, Zeit und ihre Relativität bei Poincaré“ („Kleine Abhandlungen“ von Schülern seines Seminars. *A. Riehl* zum 70. Geburtstag 1914.)

führungen zeugen nicht nur von einer umfassenden Kenntnis der Physik und Mathematik seiner Zeit, sondern vor allem von philosophischer Besinnung. Nicht nur seine Darstellungen des Relativitätsprinzips, sondern vor allem seine Vorschläge zu einer relativistischen Gravitationstheorie[1]) und zu einer Verallgemeinerung[2]) der speziellen Transformation von *Lorentz* sind von größtem Interesse.

Poincaré hat über die Grundbegriffe des Raumes und der Zeit leichtfaßliche Aufsätze veröffentlicht, die ihn als Anhänger der Relativitätstheorie erscheinen lassen. So sagt er beispielsweise „quiconquc parlc dc l'espace absolu, emploie un mot vide de sens"[3]). Oder auch: „L'espace est en réalité amorphe et les choses qui sont dedans lui donnent seules une forme". Dieser Satz steht mit der Lehre *Einsteins* von der Metrik des Raumes, die durch die Materie bestimmt wird, durchaus in Einklang, widerspricht aber auch keineswegs der Raumlehre *Kants*, wie es vielleicht den Anschein hat. Belege hierfür werden erbracht werden[4]). Wir finden auch in *Poincarés* Konventionalismus kantische Gedanken wieder, wenn auch die moderne und gänzlich von der kantischen abweichende Ausdrucksweise das nicht immer auf

---

[1]) „Sur la Dynamique de l'Electron", Rendiconti del circolo matematico di Palermo, Bd. 21. 1906.

[2]) Ausgehend von der durch *Delbeuf* gegebenen Veranschaulichung des Relativitätsprinzips (Deformation des gesamten Universums, die unbemerkt bleiben muß). Nach *Poincaré* müßte ein beliebiges Deformationsgesetz zulässig sein: „. . . l'espace est beaucoup plus relatif encore, qu'on ne le croit d'ordinaire".

[3]) „La Relativité de l'Espace" in „Science et Méthode". Paris, Flammarion, 1912.

[4]) Z. B. vgl. auch Anm. 2 zur Antithesis der 1. Antinomie K. d. r. V. S. 459.

den ersten Blick erkennen läßt. Allerdings ist *Poincarés* Stellung zur kantischen Philosphie nicht ganz eindeutig zu bestimmen. Seine Durchführung des Relativitätsgedankens aber ist eine durchaus konsequente.

5.

Das spezielle Relativitätsprinzip und die Ätherfrage.

Um die sehr tiefliegenden Probleme der allgemeinen Relativitätstheorie durchsichtig machen zu können, muß die spezielle Relativitätstheorie kurz skizziert werden.

Schon in der klassischen Mechanik gab es ein Relativitätsprinzip[1]), dessen mathematische Formulierung sich in der Galileitransformation

$$x' = x - v\,t, \qquad y' = y, \qquad z' = z$$

ausspricht. Diese Transformation bezeichnet den Übergang von einem Koordinatensystem x, y, z zu einem dazu in gleichförmiger Translation (in Richtung der x-Achse mit der Geschwindigkeit v) befindlichen System x', y', z'. Durch Differentiieren nach der Zeit t erhält man aus den Koordinaten die Geschwindigkeiten und durch nochmaliges Differentiieren die Beschleunigungen. Daraus ersieht man, daß die Kraft (Masse × Beschleunigung) $m \frac{d^2 x}{d t^2}$ im alten System den gleichen Wert hat wie im neuen. Sie ist also eine sogenannte Invariante dieser Transformation gegenüber. Das Relativitätsprinzip der Mechanik, wie es sich in der Galileitransformation ausspricht, läßt sich nicht ohne Modifi-

---

1) Vgl. auch Anm. 1 S. 23.

kationen auf die Elektrodynamik übertragen, wie *Poincaré* nachgewiesen hat [1]). Es ergibt sich daher die Notwendigkeit, ein für die Elektrodynamik gültiges Relativitätsprinzip aufzustellen, das gleichzeitig in der Mechanik Geltung hat, wenn das Relativitätsprinzip überhaupt einen Platz unter den allgemeinen Gesetzen der theoretischen Physik einzunehmen geeignet ist. Nur in diesem Fall kann es von systematischer Bedeutung und von Nutzen für die Erkenntnis und Beschreibung der Naturgesetzlichkeit sein. Die Frage war, ob es überhaupt eine Transformation gibt, die die Gleichwertigkeit mehrerer Koordinatensysteme für die Elektrodynamik zum Ausdruck bringt. Und diese Frage bejahte die spezielle Relativitätstheorie. Sie verneint dadurch gleichzeitig die Bevorzugung eines einzigen Koordinatensystems als des absolut ruhenden. Hier liegt der Übergang von der Relativitätsfrage zu derjenigen, die die Existenz und Nachweisbarkeit eines „absolut ruhenden" Mediums, des Äthers, zum Gegenstand hat. Die Existenz eines im Weltenraum unbeweglichen Mediums würde ein Festlegen des Bezugssystems ermöglichen. Sobald die Gleichberechtigung mehrerer Koordinatensysteme zugegeben wird, ist es nicht mehr notwendig, einen absolut ruhenden Bezugskörper zu postulieren, wie es die Physik früher tun mußte.

Dieser Bezugskörper, der Lichtäther, war eigentlich stets nur ein Postulat. Die widersprechendsten Eigenschaften mußten ihm zugeschrieben werden, um seine Existenz mit den Tatsachen in Einklang bringen zu können. So sollte er als substantieller Träger des Lichtes ein Substrat zur Fortpflanzung von Transversalwellen sein, — sich also wie ein fester Körper verhalten —, andererseits aber ohne

---

[1]) *Poincaré*, „Vorlesungen über Optik und Elektrizität", 1888—1890.

Reibung sämtliche Körper durchdringen. Wenn dieser so viel Widersprüche bergende Hilfsbegriff der Physik als entbehrlich erwiesen wurde, so ist das sicherlich ein großer Vorzug der Relativitätstheorie.

Noch heute gibt es manche Forscher, die den substantiellen, absolut ruhenden Äther durchaus in seinen Rechten belassen wollen. Aber zu diesem Zweck sind sie genötigt, willkürliche Hypothesen einzuführen. Die Relativitätstheorie erübrigt derartige Einführungen und errechnet unter völliger Ausschaltung des Ätherbegriffs erfahrungsmäßig verifizierte Resultate.

Die experimentelle Begründung der Theorie liegt in der exakten Prüfung der Nachweisbarkeit eines absolut ruhenden Äthers. Zu diesem Zweck wurden sehr viel Versuche angestellt, die alle das gleiche Ziel verfolgten: einen Einfluß der Erdbewegung (oder überhaupt einer speziellen Bewegung) auf physikalische Vorgänge — wie z. B. die Lichtfortpflanzung — zu konstatieren. Alle diese Experimente, die von *Rayleigh, Wilson, Röntgen, Eichenwald, Poincaré* und *Favé, Trouton* und *Noble* und vielen anderen bedeutenden Physikern angestellt wurden, hatten ein negatives Ergebnis[1]). Den berühmten Versuch von *Michelson* und *Morley* möchte ich besonders erwähnen, weil man bei dieser Versuchsanordnung sogar noch einen geringen Bruchteil des erwarteten Effektes hätte wahrnehmen können [$^1/_{100}$][2]). Es wurde ein Licht-

[1]) Vgl. *Winkelmanns* Handb. der Physik; *Chwolson*, „Lehrbuch der Physik", 1913; *v. Laue*, „Das Relativitätsprinzip", 2. Aufl., 1913; *Poincaré*, „Les rapports de la Matière et de l'Ether" geben Zusammenstellungen solcher Versuche.

[2]) American Journal of Science, 1881, Bd. 22 und ebenda *Michelson* und *Morley*, Bd. 34, 1887 (auch 1886). Näheres über hierhergehörige Abhandlungen, vgl. bei *v. Laue* l. c.

strahl durch Spiegel reflektiert und aufgefangen, der ein mal senkrecht zur Erdbewegung, das andere Mal in Richtung der Erdbewegung den gleichen Weg zurückzulegen hatte. Wäre ein Einfluß der Erdtranslation vorhanden gewesen, so hätte dies durch Verschiebung der Interferenzstreifen der aufgefangenen, zurückkehrenden Lichtstrahlen nachweisbar sein müssen, nachdem man den gleichen Vorgang bei einer um 90° gedrehten Versuchsanordnung beobachtet hatte. Aber das Ergebnis war negativ. Um es zu erklären, stellten *Lorentz* und (unabhängig von ihm wohl) *Fitz-Gerald*[1]) die sogenannte Kontraktionshypothese auf, die aussagt, daß alle gegen den Äther bewegten Körper eine Verkürzung um das $\sqrt{1 - \frac{v^2}{c^2}}$ fache ihrer Länge in der Bewegungsrichtung erleiden. Hier bedeutet v die Geschwindigkeit gegen den Äther, c die Lichtgeschwindigket im Vakuum. Durch eine derartige Kontraktion ändert sich die Gestalt eines bewegten Körpers naturgemäß so, daß beispielsweise aus einer Kugel mit dem Radius 1 durch die Bewegung ein Ellipsoid wird, dessen kleine Achse im Verhältnis zur großen den Wert $\sqrt{1 - \frac{v^2}{c^2}}$ hat[2]) und bei zunehmendem v immer kleiner wird. Im Grenzfall, wenn $v = c$ geworden ist, ist die Kugel auf ein flächenhaftes Gebilde zusammengeschrumpft. Über die Bedeutung dieser Kontraktionshypothese für die Dynamik des Elektrons haben vor allem *Lorentz, Poincaré*

---

[1]) „Elektromagnetische verschinselen in een stelsel dat sich met willkeurige snelheid, kleiner dan die van het licht bewegt" (Koniklike Akademie van Wetenschappen te Amsterdam 1903). *H. A. Lorentz.* Vgl. auch *O. Lodge,* Aberration problems. London. Phil. Trans. A 184 (1893).

[2]) Heaviside-Ellipsoid.

und *Langevin* gearbeitet. Es ergeben sich Schwierigkeiten, das Prinzip der Gleichheit von Wirkung und Gegenwirkung aufrecht zu erhalten[1]. —

Der *Michelson*sche Versuch[2] wird mit Recht der Fundamentalversuch der Relativitätstheorie genannt, denn er wurde mit außerordentlicher Gewissenhaftigkeit und in sehr großen Dimensionen ausgeführt, so daß sich eine ganz erhebliche Verschiebung hätte ergeben müssen (durch eingeschaltete reflektierende Spiegel wurde der zurückzulegende Weg für die Lichtstrahlen erheblich verlängert). — Durch die Kontraktionshypothese ist das negative Ergebnis des Versuches zwar erklärt, aber durch eine ad hoc erfundene Hypothese, die den substantiellen Äther rettet, ohne eine Methode anzugeben, wie dies rätselhafte Medium nachweisbar sei. „Was man messen kann, das existiert auch", sagt *Planck*, er meint für den Physiker. Die Umkehrung dieses Kriteriums ergibt für den Äther keine physikalische Existenzmöglichkeit.

Schon 1887 sagte *Poincaré*, daß der Äther eines Tages als unnütz verworfen werden würde, aber auch an diesem Tage die Gesetze der Optik und die Gleichungen, welche sie in die Sprache der Analysis übertragen, richtig bleiben würden, wenigstens als erste Annäherungen[3]. Dieser Tag kam. Es

---

[1] *Poincaré*, „Sur la Dynamique de l'Electron", Rendiconti del circolo matematico di Palermo, Bd. 21. 1906.

[2] Beim *Michelson*schen Versuch handelt es sich um einen Effekt 2. Ordnung, d. h. einen zu $\frac{q^2}{c^2}$ $(= 10^{-8})$ proportionalen, wo $q = 3 \cdot 10^6$ cm/sec die Geschwindigkeit der Erde bei ihrer Bewegung um die Sonne, die Lichtgeschwindigkeit $c = 3 \cdot 10^{10}$ cm/sec im Vakuum ist.

[3] Leçons sur la Théorie Mathématique de la Lumière, 1887/1888 (Optique et Electricité).

war der 30. VI. 1905, an dem *Einstein* seine epochemachende Arbeit „Zur Elektrodynamik bewegter Körper"[1]) veröffentlichte. Er führt darin eine ganz neue Art der Zeitbestimmungen ein, eine Definition der Gleichzeitigkeit zweier Ereignisse, durch die alle in Frage kommenden Experimente im Sinne des Relativitätsprinzips gedeutet werden. Erkenntnistheoretisch ist die kritische Untersuchung des Zeitbegriffs und der Nachweis seiner Abhängigkeit vom Raumbegriff von der allergrößten Bedeutung. „Absolute Gleichzeitigkeit" gibt es nicht mehr, durch *Einsteins* Analyse ist dieser Begriff — von falschen Vorurteilen gereinigt — ein für allemal aus der Physik verbannt.

Die Voraussetzungen, die *Einstein* macht, sind das Gesetz der Konstanz der Lichtgeschwindigkeit im Vakuum, das heißt die Unabhängigkeit der Lichtgeschwindigkeit vom Bewegungszustande des emittierenden Körpers (auf Grund des *Michelson*schen Versuches) und das Relativitätsprinzip als Forderung der Gültigkeit der elektromagnetischen und optischen Gesetze für alle Koordinatensysteme, für welche die mechanischen Gleichungen gelten. Die daraus entwickelte Theorie, die *Einstein*sche Kinematik, erweist die Lorentzkontraktion als Ergebnis eines Beobachters, der von einem bewegten Bezugssystem aus betrachtet, für einen „mitbewegten", das heißt also im System des bewegten Körpers ruhenden Beobachter besteht keine Kontraktion.

Die so oft angezweifelte und doch unabweisbare Konsequenz der Relativitätstheorie ist, daß es für den Physiker keinen Sinn mehr hat, von der absoluten Gleichzeitigkeit zweier Ereignisse zu sprechen. Zwei Uhren, die synchron sind, das heißt gleichbeschaffen im Gang und in der Zeigerstellung, in einem (berechtigten) System für einen in diesem System

[1]) Wiedemanns Annalen, Bd. 17.

ruhenden Beobachter, sind für einen zum System bewegten Beobachter nicht synchron. Ist das zweite System k' gegen das erste k mit der Geschwindigkeit v geradlinig in Richtung der positiven x-Achse bewegt, so gilt zwischen den Koordinaten dieser Systeme x, y, z, t und x', y', z', t' die sogenannte Lorentztransformation[1]). Wie wir sehen, sind (bei dieser Wahl der Achsenrichtungen) nur die x-Koordinate und die Zeitkoordinate t von ihr betroffen, die übrigen gehen identisch in die gestrichenen Koordinaten über. In der x-Richtung und für die Zeitkoordinate ergeben sich andere Koordinatenlängen. Diese Transformation gilt für die Gesetze der Elektrodynamik und der Mechanik. —

Die Folgerungen, die sich in bezug auf Raum und Zeit aus dieser Theorie ergeben, sind allerdings für den Augenblick befremdlich. Die Gleichzeitigkeit zweier Ereignisse auszusagen, ist nur sinnvoll, wenn wir auch über den Bewegungszustand der Systeme Bescheid wissen. Ja noch auffälliger: wenn von zwei Uhren, die gleich gerichtet waren, die eine in gleichförmiger Translation fortbewegt wird und dann ebenso zurückkehrt, so geht sie bei ihrer Ankunft im Anfangspunkt gegen die in Ruhe gebliebene nach. Die Abhängigkeit der physikalisch meßbaren Zeit vom Ort und dessen Bewegungszustand tritt hierin klar zutage. So

---

1) $$x' = \frac{x - v\,t}{\sqrt{1 - \frac{v^2}{c^2}}}, \quad y' = y, \quad z' = z, \quad t' = \frac{t - \frac{v}{c^2}x}{\sqrt{1 - \frac{v^2}{c^2}}},$$

vgl. *v. Laue*, l. c. § 6 und *H. A. Lorentz*, l. c. Die Lichtgeschwindigkeit c spielt in der speziellen Relativitätstheorie die Rolle der unendlich großen Geschwindigkeit. $\sqrt{1 - \frac{v^2}{c^2}}$ ist nur für $v < c$ reell.

und in keinem anderen Sinne sollte der so oft mißverstandene Satz *Minkowskis*: „Raum für sich und Zeit für sich sinken zu Schatten herab und nur noch eine Art Union der beiden soll Selbständigkeit bewahren"[1]), aufgefaßt werden. Diese Union ist notwendig, um einer Aussage über die Gleichzeitigkeit zweier Ereignisse physikalisch irgendeinen Sinn beilegen zu können. Der Bewegungszustand des Beobachters muß bekannt sein, wenn Zeitangaben seinerseits irgendwelchen Wert haben sollen. In mathematisch außerordentlich elegante Form hat *Minkowski* die *Einstein*sche Theorie gekleidet, das „Weltpostulat", in dem sich die Union von Raum und Zeit ausspricht. Er ahnte nicht, daß auch diese Union keine „Selbständigkeit" bewahren sollte, daß die allgemeine Relativitätstheorie die Aufnahme eines dritten Begriffes, der Gravitation, in diese Verbindung erforderte.

Alle diese merkwürdigen Konsequenzen sind von den Physikern in Kauf genommen worden, weil sich auf dem Boden der Relativitätstheorie alle physikalischen Erscheinungen ungezwungen deuten ließen. Außer den erwähnten Versuchen haben die Phänomene des Dopplereffektes, der Aberration und viele andere eine relativistische Erklärung gefunden, vor allem durch *Planck*, *Sommerfeld*, *v. Laue* und *Einstein* selbst. Die höchst bedeutsamen Konsequenzen für die theoretische und die Experimentalphysik, die sich aus den *Einstein*schen Gedankengängen ergeben, sollen

---

[1]) *H. Minkowski*, Raum und Zeit, Vortrag, gehalten in Köln am 21. IX. 1908. Vgl. auch bei Teubner 1913. Die Formulierung des Minkowskischen Satzes ist leicht mißzuverstehen und hat daher nicht mit Unrecht Anstoß erregt in philosophischen Kreisen bei Erkenntnistheoretikern und Psychologen.

hier nicht erwähnt werden, es wäre dies doch nur in ganz beschränktem Maße möglich; auch würden sich daraus keine neuen Gesichtspunkte für die Lösung unserer Aufgabe ergeben.

6.

Allgemeines Relativitätsgesetz und Äquivalenzprinzip.

Obwohl es erkenntnistheoretisch schon weit befriedigender ist, an Stelle eines absolut ruhenden, bevorzugten Bezugssystemes eine dreifach ausgedehnte Mannigfaltigkeit von bewegten Systemen zu setzen, ist es doch unbefriedigend, daß die Bewegung dieser Systeme nur eine spezielle, nämlich die gleichförmige Translation sein darf. (Aus diesem Grunde heißt die besprochene Relativitätstheorie die spezielle.) Die natürliche Verallgemeinerung der speziellen Theorie besteht darin, daß anstatt der geradlinigen und gleichförmigen Translation die Bewegung der berechtigten Systeme gegeneinander eine beliebige sein kann. Wenn aber jedes beliebige Koordinatensystem der Beschreibung der Naturgesetze zugrunde gelegt werden kann, so müssen diese Gesetze sich in einer Form aussprechen lassen, die gegenüber jeder beliebigen Transformation kovariant ist. Solche Formen zu finden, ermöglicht der Tensorkalkül. Dieser so wichtige Punkt soll noch von anderer Seite beleuchtet werden. Das spezielle Relativitätsprinzip — in Form der Lorentztransformation — hat den physikalischen Gesetzen eine gewisse Beschränkung auferlegt, indem es nur diejenigen Gesetze zuließ, die gegen die Lorentztransformation kovariant waren. Eine viel weitergehende Beschränkung erlegt nun das allgemeine Relativitätsprinzip den Naturgesetzen auf: Sie müssen in einer Form darstellbar sein, die gegenüber jeder beliebigen Transformation kovariant ist. Hierin liegt ein tiefer Sinn. Es ist eine unvergleichliche „Spürkraft", die dem allgemeinen Relativitätsprinzip dadurch „innewohnt": Als heuristisches Prinzip schränkt es die vorhandenen Möglichkeiten ein. Die Ergebnisse der Theorie haben die hieran geknüpften Hoffnungen auf das schönste bestätigt. *Einstein* gelang es, das Gravitationsgesetz als Feldgesetz einwandfrei zu formulieren. Es läßt sich hier nicht einmal andeuten, was dieser großartige Erfolg für die Physik bedeutet.

Einstein fand in der Betrachtung n-dimensionaler Mannigfaltigkeiten den Weg bereits geebnet, und der absolute Differentialkalkül lag in vollständig ausgebauter, tiefsinnig verfeinerter Theorie vor[1]). So war es möglich, daß er seinen Gedanken eine mathematisch durchsichtige und strenge Form geben konnte. —

Es sei nun eindringlichst darauf hingewiesen, daß nicht nur erkenntnistheoretische Gründe der genannten Art zu einer Verallgemeinerung der speziellen Theorie führten. Das physikalische Experiment war hier — wie es immer sein sollte, — ebenso wie bei Aufstellung der speziellen Theorie, ausschlaggebend. Um uns über die Bedeutung des experimentellen Moments für die Grundlagen der allgemeinen Relativitätstheorie klar zu werden, müssen wir den Begriff der Masse und deren physikalische Meßbarkeit näher betrachten.

---

[1]) Über die hierhergehörige mathematische Literatur finden sich genaue Angaben z. B. im Literaturverzeichnis zu Kapitel II bei *Weyl* l. c.

Aus der klassischen Mechanik kennen wir zwei Funktionen der Masse: 1. die Trägheit, das heißt Widerstand gegen eine Beschleunigung, und 2. Schwere, die uns die Größe einer Masse ihrem Gewicht proportional setzen läßt. Die Trägheit liefert daher eine Definition der Masse auf Grund eines dynamischen Experiments, während die Schwere eine zweite Definition der Masse, und zwar durch ein statisches Experiment (die Wage) liefert. Diese beiden Definitionen sind Definitionen ein und desselben Begriffs, weil eben alle physikalischen Körper in bezug auf Trägheit und Schwere das gleiche Verhalten zeigen. — *Einstein* gab dieser Übereinstimmung, die bisher nur registriert worden war, eine Deutung durch die Äquivalenzhypothese.

Während auf anderen Gebieten der Physik durch eine zweifache Definierbarkeit das Bedürfnis ausgelöst wurde, hierfür einen inneren Grund zu suchen, hat das bis zu *Einstein* für den Begriff der Masse niemand versucht. Sobald man z. B. bemerkte, daß Magnetfelder sowohl infolge permanenter Magneten als auch durch elektrische Ströme entstehen, versuchte man eine prinzipiell gleichartige Erzeugtheit dieser Magnetfelder nachzuweisen. Das erkenntnistheoretische Bedürfnis war befriedigt, als man das Entstehen der Magnetfelder in beiden Fällen durch Elektronenbewegung erklären konnte, weil durch die Annahme einer Wesensgleichheit die Übereinstimmung gedeutet war. Zu dieser Annahme zwingt der Glaube an die Einheitlichkeit der Natur, an die innere Harmonie der Erscheinungen, der der Leitstern des Forschers auf seinem Wege sein muß. Nur das hat auch *Einstein* sagen wollen, als er von der prästabilierten Harmonie der Welt sprach. Dieser Ausspruch ist mißverständlich, weil er sich eines Schulbegriffs bedient. Aber *Einstein* lag es durchaus fern, den Standpunkt einer prästabilierten Harmonie im Sinne *Leibnizens* vertreten zu wollen. *Einstein* ist Physiker, nicht Metaphysiker. — Das auf experimenteller Basis, in Befriedigung eines erkenntnistheoretischen Bedürfnisses entstandene Äquivalenzprinzip gibt ein Beispiel für die von *Einstein* prästabiliert genannte Harmonie. —

Durch ein Experiment von *Eötvös*[1]) wird das Äquivalenzprinzip ganz außerordentlich genau bestätigt. Dieser stellte fest, daß für einen Körper das Verhältnis der trägen zur schweren Masse von der Natur des Körpers unabhängig ist. *Einstein* sagt daher mit Recht: „Aus diesen Gründen scheint mir die Äquivalenzhypothese, welche physikalische Wesensgleichheit der schweren mit der trägen Masse ausspricht, einen hohen Grad von Wahrscheinlichkeit zu besitzen[2])." Welchen Geltungscharakter *Einstein* selbst daher dem Äquivalenzprinzip beimißt, ist nach diesem Satz wohl nicht mehr zweifelhaft. Es ist eine berechtigte, physikalische Hypothese, die experimentell widerlegbar ist.

Zur Verdeutlichung des Prinzips diene folgende Betrachtung: Gegeben sei ein berechtigtes System im Sinne der alten Mechanik K und ein zu K gleichförmig beschleunigtes System K', das heißt diejenigen Punkte, die sich in bezug auf K in Ruhe befinden, sind in bezug auf K' gleichförmig beschleunigt. Wir fragen nun: Ist das System K wirklich beschleunigt? Diese Frage ist sinnlos. Wir wissen nur, daß K' in bezug auf K beschleunigt ist, und zwar wollen wir annehmen, diese Beschleunigung habe den Wert γ im

---

1) *Eötvös*, „Mathematische und naturwissenschaftliche Berichte aus Ungarn", VIII, 1890/91. Genauigkeit bis auf $^1/_{20\,000\,000}$.

2) *Einstein*, „Entwurf einer verallgemeinerten Relativitätstheorie und einer Theorie der Gravitation". 1913.

Sinne der negativen x-Achse. Die Gleichungen für die Beschleunigungen lauten daher

$$\frac{d^2 x'}{d t^2} = -\gamma\,, \qquad \frac{d^2 y'}{d t^2} = 0\,, \qquad \frac{d^2 z'}{d t^2} = 0\,.$$

Das sind aber auch die Bewegungsgleichungen in einem Schwerefeld. Es kann daher den Tatsachen auch folgende Deutung gegeben werden: Das System K' ist gar nicht beschleunigt, sondern es herrscht im ganzen Raum ein homogenes Gravitationsfeld. Somit ist die Wesensverschiedenheit von träger und schwerer Masse beseitigt.

Solch ein Gravitationsfeld, wie wir es hier betrachten, wird oft als eine willkürliche Setzung, eine Fiktion, angesehen, der man ad libitum Existenz zuschreibt oder abspricht. So hat beispielsweise *Lenard*[1]) das Äquivalenzprinzip in diesem Sinne gänzlich mißverstanden. Seine irrige Auffassung hat *Einstein* selbst berichtigt und *Lenards* Einwendungen entkräftet[2]). *Einstein* behauptet nicht, daß wir ohne Massen ein Gravitationsfeld erzeugen können. Aber es ist nicht nötig, daß die Kraftlinien des Feldes in Massen direkt endigen. Sie könnten beispielsweise durch Induktion erzeugt werden, durch Massen, die in bezug auf K beschleunigt sind. —

Auch hierfür haben wir ein Analogon auf elektrodynamischem Gebiet, das uns lehrt, wie Kraftlinien eines Induktionsfeldes dynamisch erzeugt werden. Wir haben also zu sagen: Relativ zu K' ist ein Gravitationsfeld vorhanden, während es relativ zu K nicht vorhanden ist, aber K' erzeugt dieses Gravitationsfeld nicht. Solch Gravita

---

[1]) *Lenard*, „Über Relativitätsprinzip, Äther, Gravitation" 1918.

[2]) „Die Naturwissenschaften", Heft Nr. 48. 1918.

tionsfeld hat trotzdem keine bloße Scheinexistenz, sondern wir können ein Bezugssystem so wählen, daß an einer Stelle kein Gravitationsfeld herrscht. Dafür ist es an einer anderen Stelle um so stärker. Auch dafür ein Analogon aus der klassischen Physik: Wenn wir Massen in paralleler und gleichförmiger Bewegung haben, so können wir ein System einführen, in bezug auf welches alle diese Massen ruhen. Wenn die Massen aber ungleichförmig bewegt sind, so geht das nicht. Wir können dann ein System nur so wählen, daß die Geschwindigkeit eines bestimmten Punktes (wie man sagt) wegtransformiert ist, das heißt diesen Punkt kann ich als ruhenden betrachten. Der erste Fall entspricht dem eines homogenen Gravitationsfeldes, der zweite dem des nichthomogenen. —

Einstein veranschaulicht die Gleichheit der trägen und schweren Masse folgendermaßen: Ein in einem Kasten eingeschlossener Beobachter, der wahrnimmt, daß alle sich selbst überlassenen Gegenstände in diesem Kasten eine bestimmte Beschleunigung erhalten, z. B. zu Boden „fallen", könnte dieser beobachteten Tatsache zwei physikalische Deutungen geben. Er muß entweder annehmen, daß er sich mit seinem Kasten ruhend auf einem Planeten befindet, und die Gegenstände durch dessen Gravitationsfeld zu Boden fallen, oder aber daß eine Kraft an einem Haken an der Decke des Kastens zöge und ihm eine konstante Beschleunigung erteilte. Diese beiden Interpretationen, deren eine das Fallen der Körper als Schwerewirkung, deren andere es als Trägheitswirkung deutet, sind völlig gleichberechtigt. Der gedachte Beobachter wäre trotz aller Kenntnis der modernen Physik nicht in der Lage zu entscheiden, welche Deutung den Vorzug verdient.

7.
Über die „Gültigkeit“ der euklidischen Geometrie.

Bevor wir auf das *Einstein*sche Gravitationsgesetz kommen, muß noch einiges über die Form dieses Gesetzes gesagt werden.

Das spezielle Relativitätsprinzip brachte bereits eine formell von der früheren Physik abweichende Betrachtungsweise. Die Zeitkoordinate trat als gleichberechtigt neben den drei Raumkoordinaten auf. Die Gleichungen der Physik wurden auf vierdimensionale Koordinatensysteme bezogen. *Minkowski* führte die Zeit als imaginäre Koordinate ein, um Symmetrie im quadratischen Differentialausdruck zu erzeugen[1]). Die Gleichberechtigung der vierten Koordinate, die die Zeit ausdrückt, wurde durch die neue Definition der Gleichzeitigkeit gefordert. Es war das sogenannte Linienelement, eine Verallgemeinerung des pythagoreischen Lehrsatzes in einem unendlich kleinen Gebiet: $ds^2 = dx_1^2 + dx_2^2 + dx_3^2 + dx_4^2$ und damit die euklidische Geometrie zugrunde gelegt. Die euklidische Geometrie steht aber mit einer rein physikalischen Annahme — nämlich der des starren Körpers — in innigstem Zusammenhang. Sicherlich ist es zu weitgehend, wenn *Helmholtz*[2]) sagt, daß eine Aussage über irgendwelche Kongruenzen nur sinnvoll ist, wenn ich die Erfahrung zu Hilfe nehme, die Vorstellung, daß geometrische Gebilde zu einander hinbewegt werden können, ohne ihre Form und Dimension zu

---

[1]) *Minkowski*, l. c. Anm. 1 S. 33.

[2]) Vgl. *v. Helmholtz*, „Über den Ursprung und die Bedeutung der geometrischen Axiome“ (1870) in „Vorträge und Reden“ 5. Aufl. 2. Bd. S. 7.

ändern. Die euklidische Geometrie handelt ja nicht von physikalischen Dingen, die „zu einander hinbewegt werden“, sondern von mathematischen Gebilden, die ohne direkte Abhängigkeit von der Erfahrung definiert sind. Die Geometrie mißt nicht Körper durch Vergleichen, sondern die Gesetze des Messens sind ihr Gegenstand. Begriffliche Konstruktionen[1]) werden in ihrer Gesetzmäßigkeit erfaßt. Ob es starre Körper gibt oder nicht, liegt ganz außerhalb der Problemstellung. Sobald man das einräumt, muß man sich andererseits klar machen, daß in der Verifizierbarkeit an physikalischen Körpern nicht die Gültigkeit der Geometrie liegt, daß jede anschauliche oder unanschauliche Einschränkung oder Verallgemeinerung derselben als mathematische Disziplin Berechtigung hat. Es ist wohl richtiger, den Satz vom starren Körper — wie *Einstein* es tat[2]) — den Sätzen der euklidischen Geometrie als Ergänzung hinzuzufügen, als diesen Satz, wie *Helmholtz* es wollte, in die Voraussetzungen der Geometrie selbst einzubeziehen. —

Man hatte diesen Satz vom starren Körper stets den geometrischen Sätzen hinzugefügt und war so zu Grundlagen der Physik gelangt, die sich in der verallgemeinerten Relativitätstheorie nicht mehr aufrecht erhalten lassen. Das liegt nicht daran, daß diese Grundlagen falsch sind, sie sind aber

---

[1]) Vgl. zu dem Begriff des Konstruierens in der Mathematik (Arithmetik und Geometrie) die Ausführungen S. 20.

[2]) *Einstein*, „Über die spezielle und allgemeine Relativitätstheorie (gemeinverständlich)“. 1917. „Wenn wir nun der Denkgewohnheit folgend den Sätzen der euklidischen Geometrie den einzigen Satz zufügen, daß zwei Punkten eines praktisch starren Körpers stets die nämliche Entfernung (Strecke) entspreche, . . . so werden aus den Sätzen der euklidischen Geometrie Sätze über die mögliche relative Lagerung praktisch starrer Körper.“

nur im Spezialfall ausreichend. Ebensowenig wie die spezielle Relativitätstheorie auf Grund der allgemeinen nicht als falsch verworfen wird, sondern jene geht als Spezialfall in diese ein. Damit dieser Spezialfall eintritt, muß das Gravitationsfeld vernachlässigt werden können, dann haben wir auch ein Recht, die euklidische Geometrie, wie früher, als Grundlage der Physik anzusehen. Die 10 Größen, welche das Gravitationsfeld in der allgemeinen Theorie mathematisch beschreiben, haben in diesem Spezialfall ganz bestimmte konstante Werte[1]). Und mit der speziellen Relativitätstheorie tritt die euklidische Geometrie in ihre Rechte. Auch die Umkehrung gilt: sobald in einem Gebiet die euklidische Geometrie Geltung hat, gilt für den Physiker die spezielle Relativitätstheorie. Daß diese als Spezialfall in die allgemeine Theorie eingeht, ist eigentlich selbstverständlich, da die Gleichberechtigung beliebig bewegter Koordinatensysteme naturgemäß auch die gleichförmige Translation einschließt. Die Form der Naturgesetze in der allgemeinen Theorie muß gegenüber beliebigen Transformationen kovariant sein.

Die Tensoranalysis ermöglicht diese Formulierung, ähnlich wie die Vektoranalysis es für die spezielle Theorie in bezug auf die Lorentztransformation tat. Ein Tensor ist ein mathematisches Gebilde von der merkwürdigen Eigenschaft, daß, wenn seine Komponenten in einem Koordinatensystem = 0 sind, sie auch in jedem anderen identisch verschwinden. Das kommt daher, daß die Transformationsgleichungen, die die Komponenten von einem System auf ein anderes transformieren, linear und homogen sind. Wenn in einem System die Komponenten eines Tensors bekannt sind, so werden nach bestimmten Regeln die Komponenten für ein neues System

---

[1]) $g_{\mu\nu} = \text{const}$, vgl. Anm. 1 Kap. 9.

berechnet, unter Zugrundelegung einer bestimmten Transformation. Der Gedankengang ist also klar: Die Aufgabe des relativistischen Physikers geht dahin, die Gesetze der Naturwissenschaft auf Tensorform zu bringen, dann hat er sie dem allgemeinen Relativitätsprinzip gemäß formuliert, weil in dieser Form eben die prinzipielle Gleichberechtigung aller Koordinatensysteme zum Ausdruck kommt. Durch alle möglichen mathematischen Operationen kann man aus gegebenen Tensoren neue bilden. Der mathematische Unterbau dieser physikalischen Theorie ist also gesichert. Die Tensoranalysis ist es, die es ermöglicht, den Gesetzen der Physik eine Form zu geben, welche alle beliebig bewegten Bezugssysteme als gleichberechtigt zugrunde zu legen erlaubt.

Einstein hat der mathematischen Formulierung seiner Gesetze eine nichteuklidische Geometrie zugrunde gelegt. — Das 5. Postulat *Euklids* hat schon seit dem Altertum als nicht evident und daher als beweisbar gegolten; die Axiome der Geometrie haben im Laufe der Jahrhunderte zu immer neuen Kämpfen Anlaß gegeben. Es sind in sich geschlossene geometrische Theorien geschaffen worden, ohne die Annahme der Gültigkeit des 5. euklidischen Postulates vorauszusetzen[1]). Für uns sind besonders die Arbeiten von *Riemann* und *Helmholtz*, die sich mit mehrfach ausgedehnten Mannigfaltigkeiten und nichteuklidischen Geometrien beschäftigen, von Wichtigkeit. *Riemann* behandelt in seiner Habilitationsschrift[2]) die mehrfach ausgedehnten Mannig-

---

[1]) Vgl. hierzu „Die Nicht-Euklidische Geometrie", von *Bönola* und *Liebmann* bei Teubner Bd. IV. der Sammlung „Wissenschaft und Hypothese".

[2]) *Riemann*, „Über die Hypothesen, welche der Geometrie zugrunde liegen". 1854.

faltigkeiten und sieht in dem euklidischen Raum nur den Spezialfall einer dreifach ausgedehnten Mannigfaltigkeit. Als Folge ergibt sich die Unmöglichkeit, die Sätze der Geometrie aus allgemeinen Größenbegriffen abzuleiten. Die Erfahrung muß zu Hilfe genommen werden. Erfahrungstatsachen entscheiden nach *Riemann* über die Maßverhältnisse des Raumes und über die „Gültigkeit" der Geometrie. Die Untersuchungen n-fach ausgedehnter Mannigfaltigkeiten und speziell derjenigen mit positivem Krümmungsmaß führen zu Resultaten, denen wir auch in *Einsteins* Physik begegnen. Auch die geodätische Linie, die nach *Einstein* die Bahnkurve eines Weltpunktes ist, wird von *Riemann* bereits eingehend erörtert. —

Helmholtz[1]) stellt in leichtfaßlicher Form die Veranschaulichung gekrümmter Flächen dar, zum Unterschiede von der Ebene des euklidischen Raumes, dessen Krümmungsmaß $= 0$ ist. Er hat aber *Kant* gänzlich mißverstanden, wenn er meint, der kantische Raum sei als „vor aller Erfahrung gegebene Anschauungsform" unhaltbar. Daß *Kants* Apriori kein *zeitliches* Vor-der-Erfahrung ist, ist oben klargelegt worden. Es gibt — wenn anders der Sinn der Transzendentalphilosophie nicht in sein Gegenteil verkehrt werden soll — nur eine Deutung des Apriori, die rein logische. So ist der Begriff des Apriori in seiner Unwandelbarkeit die logische Bedingung der Möglichkeit aller wandelbaren Erfahrungsinhalte der Einzelwissenschaften.

---

[1]) *H. Helmholtz*, „Über den Ursprung und die Bedeutung der geometrischen Axiome". 1870. Vgl. auch „Die Tatsachen, welche der Geometrie zugrunde liegen". 1868.

Das konstante Krümmungsmaß der Kugel ist $\alpha > 0$,
„ „ „ des „ebenen" Raumes ist $\alpha = 0$,
„ „ „ der Pseudosphäre ist $\alpha < 0$.

Beide, *Riemann* sowohl wie *Helmholtz*, entfernen sich weiter von *Kant* als *Einstein*, der, wie oben erwähnt, den Satz vom starren Körper den geometrischen Axiomen hinzufügt. Wenn wir die euklidische Geometrie in der Praxis anwenden wollten, so fügten wir den im kantischen Sinne synthetischen Urteilen a priori den Satz vom praktisch starren Körper hinzu; damit setzten wir den Raum cartesisch beschreibbar voraus, das heißt wir hatten die Möglichkeit, den Raum durch auf- und nebeneinander geschichtete Kuben auf ganz bestimmte Weise erfüllt zu denken. Ist das möglich, so gilt die euklidische Geometrie. Das ist aber, wie wir sehen werden, unter Zugrundelegung des allgemeinen Relativitätsprinzips nicht der Fall.

8.

Nichteuklidische Geometrie und allgemeine Koordinaten.

Denken wir uns (mit *Einstein*) in einem gravitationsfreien Raume ein Bezugssystem K ruhend und ein zweites K' dazu in gleichförmiger Rotation befindlich. Die Anfangspunkte und die z-Achsen der Systeme mögen zusammenfallen. Ein Kreis um den Anfangspunkt in der $x\,y$-Ebene ist dann aus Symmetriegründen auch ein Kreis in der $x'\,y'$-Ebene. Denken wir uns nun im Anfangspunkt, das heißt im Mittelpunkt, einen Beobachter, der mit einem in K ruhenden Maßstab den Umfang und Durchmesser der Kreisscheibe mißt. Dann messe er noch einmal mit einem in K' ruhenden — das heißt also mit der Scheibe mitbewegten — Maßstab die Peripherie und den Durchmesser. Er findet dann als Quotient seiner Messungen das erstemal die Zahl π, was nach der euklidischen Geometrie zu erwarten war. Das zweitemal wird das Resultat größer ausfallen, denn sein Maßstab, der in radialer Richtung unverändert bleibt, erleidet ja in der Bewegungsrichtung die Lorentzkontraktion, vom nichtbewegten System aus beurteilt, ist also in der Bewegungsrichtung kleiner und kann daher öfter angelegt werden als das erstemal. Er findet also als Quotient eine Zahl, die größer als π ist: die euklidische Geometrie gilt nicht. — Analoges ergibt sich, wenn der Beobachter zwei Uhren vergleicht, von denen die eine neben ihm ruhend, die andere bewegt, auf dem Rande der Kreisscheibe sich befindet. Für ihn würde die bewegte Uhr nachgehen gegenüber der ruhenden. Wir sehen also, daß bei Zugrundelegung eines gleichförmig rotierenden Systemes — wie sie durch das angeführte Beispiel veranschaulicht wird — die euklidische Meßbarkeit und die gewöhnliche Zeitmessung nicht mehr beibehalten werden können, wenn das allgemeine Relativitätsprinzip mit seiner Forderung der Gleichberechtigung aller Systeme, der allgemeinen Kovarianz, aufrecht erhalten werden soll, muß daher eine andere als die euklidische Geometrie zugrunde gelegt werden.

Einstein ordnet jedem Ereignis 4 Zahlen zu, die er — in Analogie zu den drei Raumkoordinaten und der Zeitkoordinate — Koordinaten nennt, und zwar Koordinaten des Punktereignisses, ohne ihnen eine direkte physikalische Bedeutung zu geben. Hierdurch ist aber nicht, wie man so oft behauptete, der Theorie als physikalischer der Boden entzogen. Es wird ihr auf der anderen Seite eine sichere physikalische Grundlage gegeben durch das Zugrundelegen des invarianten Linienelementes. Diese in Analogie zur dreidimensionalen Beschreibung „Linienelement“

genannte Invariante hat durchaus physikalische Bedeutung. Sie ist in dem Fall des Fehlens eines Gravitationsfeldes eine meßbare Größe, physikalisch meßbar im Sinne der speziellen Relativitätstheorie durch Maßstäbe und Uhren. — Wir möchten nachdrücklichst darauf hinweisen, daß, obwohl den Koordinaten selbst jede physikalische Bedeutung abzusprechen ist, dem Linienelement physikalische Meßbarkeit im gewöhnlichen Sinne zukommt. Das ist es, was *Einsteins* Theorie zu einer physikalischen macht im Gegensatz zu einer rein mathematischen.

Raum und Zeit verlieren „die physikalische Gegenständlichkeit"[1]) auch vereint, und nur durch die Materie kommt die physikalische Bedeutung hinein. Raum sowohl wie Zeit haben eben keine physikalischen Eigenschaften. *Einstein* hat ihnen auch „den letzten Rest physikalischer Gegenständlichkeit" genommen. Hier kommen wir der kantischen Lehre, die Raum und Zeit ebenfalls jede physikalische Gegenständlichkeit abspricht, wohl so nahe, wie es in keiner früheren Physik der Fall war. Die allgemeine Relativitätstheorie gestattet die wahrste Ausdeutung der Transzendentalphilosophie. Darauf soll später noch näher eingegangen werden. —

Die Koordinaten x_1, x_2, x_3, x_4 sind für *Einstein* nur Parameter oder Symbole, keine physikalischen Größen, während der infinitesimale Abstand unabhängig vom Koordinatensystem und meßbar ist. Zwei Ereignisse sind als zusammenfallend anzusehen, wenn ihnen die gleichen Werte x_1 bis x_4 zukommen, trotzdem bleiben diese nur Symbole. Der Abstand ds ist meßbar, heißt mit anderen Worten: In der unmittelbaren Umgebung eines

[1]) *Einstein*, „Die Grundlage der allgemeinen Relativitätstheorie". 1916. J. A. Barth. S. 13.

Punktereignisses gilt die spezielle Relativitätstheorie. (Einer Annahme wie dieser entspricht z. B. die Behandlung eines beliebig kleinen Stückes einer krummen Fläche als Ebene, einer Kurve als Polygon.) Zu zwei benachbarten Punkten gehört ein Maß $d s^2$ in der *Riemann*schen „Nahegeometrie", welches als Invariante die Raummetrik fundiert, während in der euklidischen „Ferngeometrie" diese Rolle von dem s^2, das sich pythagoreisch berechnet, eingenommen wird. —

Die mathematische Lösung des analogen Problems für die Flächen hat schon *Gauß* gegeben durch Einführung krummliniger Koordinaten. Auch ihm waren die zur Beschreibung der geometrischen Eigenschaften einer krummen Fläche gewählten Koordinaten — zwei sich schneidende Kurvenscharen — ohne bestimmte Bedeutung, beliebig wählbar, aber der zu zwei benachbarten Punkten gehörige Abstand meßbar. Die *Gauß*sche Form für das $d s^2$ ist nicht eine Summe von Quadraten, sondern enthält bestimmte, für die Fläche charakteristische Koeffizienten, die er mit E, F, G bezeichnete[1]). Diese bestimmen den Ausdruck des „Bogenelementes". Auch der Begriff des Krümmungsmaßes, der in der *Einstein*schen Physik eine so wichtige Rolle spielt, findet sich schon bei *Gauß*, und zwar in einer Form, die nur aus den Größen E, F, G und deren Differentialquotienten erster und zweiter Ordnung zusammengesetzt ist. Wird eine krumme Fläche abgewickelt auf irgendeine andere, so bleibt dabei das Krümmungsmaß in den einzelnen Punkten ungeändert, das heißt also, die E, F, G behalten ihre Werte.

---

[1]) *Gauß*, „Disquisitiones generales circa superficies curvas". 1827. §§ 11 ff.

Diese *Gauß*schen Betrachtungen bedurften, um für die relativistische Physik anwendbar zu werden, der Verallgemeinerung auf vierdimensionale Gebilde. Man setzte für die *Gauß*sche Form des Abstandes anstatt der Koeffizienten E, F, G den Buchstaben g mit zwei Indizes versehen[1]), so daß der Ausdruck höchst übersichtlich sich darstellte. In den mit g bezeichneten Koeffizienten liegt die Metrik der Fläche. Sie sind von der Natur der Fläche abhängig. Auch hier haben die Koordinaten x_1 und x_2 selbst keine unmittelbare metrische Bedeutung. Diese kommt erst durch die Größen g hinein. Gehen wir nun mit *Einstein* zum Raumzeitlichen über, so finden wir eine der *Gauß*schen Abstandsform ganz analog gebaute in den vier Koordinaten x_1, x_2, x_3, x_4, welche auch bestimmte Koeffizienten enthält, die man durch g mit zwei Indizes versehen bezeichnet. Nur daß diese Indizes (welche man mit μ und ν allgemein bezeichnet) die Werte 1 bis 4 durchlaufen[2]). Die $g_{\mu\nu}$ also geben die physikalische Bedeutung. Sind sie konstant, so haben wir das ds^2 als Summe von Quadraten wie in der speziellen Theorie.

---

[1]) $ds^2 = g_{11}\,dx_1^2 + 2\,g_{12}\,dx_1\,dx_2 + g_{22}\,dx_2^2 = \sum_{\mu\nu} {}_1^2\, g_{\mu\nu}\,dx_\mu\,dx_\nu$.

[2]) $ds^2 = \sum_{\mu,\nu} {}_1^4\, g_{\mu\nu}\,dx_\mu\,dx_\nu$. $g_{\mu\nu}$ hat Tensorcharakter, und zwar ist $g_{\mu\nu}$ ein sogenannter kovarianter, symmetrischer Tensor zweiten Ranges. Es ist $g_{\mu\nu} = g_{\nu\mu}$: So bleiben also von den 16 Größen nur 10 voneinander verschiedene:

$$\begin{matrix} g_{11} & g_{12} & g_{13} & g_{14} \\ g_{21} & g_{22} & g_{23} & g_{24} \\ g_{31} & g_{32} & g_{33} & g_{34} \\ g_{41} & g_{42} & g_{43} & g_{44} \end{matrix}$$

9.
Das Gravitationsfeld und seine mathematische Formulierung.

Wir wollen uns die wichtigen Eigenschaften der $g_{\mu\nu}$, des sogenannten Fundamentaltensors, noch auf andere Weise klarzumachen suchen: Für ein bestimmtes vierdimensionales Gebilde sei die spezielle Relativitätstheorie gültig, die $g_{\mu\nu}$ haben bestimmte konstante Werte[1]), dann bewegt sich ein freier materieller Punkt bezüglich dieses Systems geradlinig gleichförmig. Führt man nun durch eine beliebige Substitution neue Koordinaten x_1' bis x_4' ein, so werden die $g_{\mu\nu}$ nicht mehr konstant sein, sondern raumzeitlich variabel. Die Bewegung des Punktes ist dann nicht mehr geradlinig gleichförmig, sondern krummlinig und ungleichförmig. Wir werden also diese ungleichförmige Bewegung als Bewegung unter dem Einfluß eines Gravitationsfeldes deuten. An die Variabilität der $g_{\mu\nu}$, der 10 Größen des Fundamentaltensors, knüpft sich also das Auftreten eines Gravitationsfeldes. Sie bestimmen die Metrik des Raumes und das Gravitationsfeld[2]), dessen Gesetzmäßigkeit sich rechnerisch ermitteln läßt. Hier tritt

[1])
$$g_{\mu\nu} = \begin{matrix} -1 & 0 & 0 & 0 \\ 0 & -1 & 0 & 0 \\ 0 & 0 & -1 & 0 \\ 0 & 0 & 0 & +1 \end{matrix}$$

[2]) Bis jetzt waren aber Gravitationsfeld und elektromagnetisches Feld noch nicht zur Einheit verschmolzen. In der Analysis zeigt das euklidische Kontinuum die Möglichkeit, einen Vektor parallel mit sich selbst unabhängig vom Wege zu verschieben, während im nichteuklidischen Kontinuum eine Abhängigkeit von der Kurve, längs deren der Vektor verschoben wird, besteht. Auf dem Gedanken der

wohl am klarsten die innige Verbindung von Raum, Zeit und Materie zutage. Die Gravitationsfelder sind von der Massenverteilung, von der Materie, abhängig.

Nimmt man nun die von *Einstein* zur Lösung des kosmologischen Problems zugrunde gelegte Hypothese einer im Durchschnitt homogenen Massenverteilung an, so findet man eine vielleicht unerwartete Stellung zur Ätherfrage. Wir sahen den Hilfsbegriff des Äthers in der speziellen Relativitätstheorie entbehrlich werden und wiesen darauf hin, daß seine Ausschaltung einen erkenntnistheoretischen Fortschritt bedeutete. Auch jetzt brauchen wir den Äther nicht wieder einzuführen. Aber trotzdem findet keine Bewegungsfortpflanzung im leeren Raum — und, wie man deshalb wohl meinte, absoluten Raum — in der allgemeinen Relativitätstheorie statt. Über diesen Punkt sollte man sich ganz klar sein, um die Einwände, welche von seiten der reinen Philosophie gegen die allgemeine Relativitätstheorie erhoben wurden, widerlegen zu können. Der Raum ist in gewissem Sinne weniger leer als er je war, ganz bestimmte Werte des Fundamentaltensors entsprechen jedem Raumzeit-

infinitesimalen Verschiebung aufbauend, gibt *Weyl*, „Gravitation und Elektrizität", 1918, Sitzungsberichte der Akademie der Wissenschaften, eine Theorie, von der er sagt, daß sie „in einem gewissen Sinne zu begreifen gestattet, warum die Welt vierdimensional ist". Er hält die Annahme der Integrabilität der Längenübertragung von einem Punkte zu einem endlich entfernten von vornherein für ebensowenig berechtigt wie die der Integrabilität des Problems der Richtungsübertragung. *Weyl* sucht ein einheitliches System aufzustellen, das Gravitationsfelder und elektromagnetische Felder zusammenfaßt. Ein Bestreben, dessen Erfolg die größte Befriedigung gewähren würde auf Grund der systematischen Geschlossenheit. Vgl. auch *H. Weyl*, „Eine neue Erweiterung der Relativitätstheorie", Annal. d. Phys. 1919, Nr. 10.

punkt, die $g_{\mu\nu}$ erfüllen das Universum anstatt des Äthers der vorrelativistischen Physik. Will man — am Namen hängend — diese Erfüllung des Universums dem Äther zuschreiben, so muß man sich aber klar sein, daß dies kein Stoff ist, wie in der alten Physik, weil wir nach wie vor nicht in der Lage sind, ihm einen Bewegungszustand, in jedem Punkt bestimmte Geschwindigkeitskomponenten, zuzuschreiben. Es ist dann Äther nur der Name für das Vorhandensein des die Raummetrik und das Gravitationsfeld bestimmenden Fundamentaltensors. „Der Äther der allgemeinen Relativitätstheorie ist ein Medium, welches selbst aller mechanischen und kinematischen Eigenschaften bar ist, aber das mechanische und elektromagnetische Geschehen mitbestimmt[1]." Auch hier behauptet sich die spezielle Relativitätstheorie mit allen Konsequenzen. Sie gilt unter der notwendigen Spezialisierung.

Gravitationsfeld und „Materie" zusammen müssen dem Erhaltungsgesetz genügen. Das gefährdet geglaubte Energieprinzip ist also auch in der allgemeinen Relativitätstheorie gültig, nur in weit umfassenderer Form als früher. Daher ist also auch wieder erkenntnistheoretisch ein Fortschritt zu verzeichnen. Das *Lavoisier*sche Prinzip der Erhaltung der Masse ging schon in der speziellen Theorie in das umfassendere der Erhaltung der Energie ein. Dieses wieder wurde durch ein noch umfassenderes in der allgemeinen Theorie ersetzt, in dem die Gravitation den ihr gebührenden Platz als Feldgesetz einnimmt[2]. Das Er-

[1]) Äther und Relativitätstheorie. Rede, gehalten am 5.V. 1920 zu Leiden von *A. Einstein* (Berlin, Jul. Springer, 1920).

[2]) *Einstein*, „Der Energiesatz in der allgemeinen Relativitätstheorie", Sitzungsberichte der Kgl. Preuß. Akademie der Wissenschaften 1918, XXIV.

haltungsgesetz hat sich als Prinzip der Beharrlichkeit, als „Grundsatz der Substantialität" durch die Jahrhunderte bewährt und ist seit *Robert Mayer* als Prinzip der Erhaltung der Energie oberstes Naturgesetz. Durch *Einstein* hat es eine derart weitgehende Formulierung gefunden wie nie zuvor. Zum erstenmal umfaßt der Erhaltungssatz der Physik wirklich alle physikalischen Geschehnisse in gleicher Weise. Auch die Gravitation fügt sich als Feldgesetz formuliert in das einheitliche Bild ein. Und somit ist die höchst unbefriedigende Asymmetrie, welche die Gravitation im System der theoretischen Physik bedingt hatte, geschwunden.

Es sollen hier nicht alle Konsequenzen der allgemeinen Relativitätstheorie angeführt werden. Es soll nur hervorgehoben werden, daß eine experimentelle Bestätigung der Theorie möglich, teilweise sogar schon geliefert ist. Schon vor langer Zeit hatten astronomische Beobachtungen eine Perihelanomalie des Merkur ergeben, die zahlenmäßig genau aus der *Einstein*schen Theorie folgt, während sie früher nur durch ad hoc erfundene Hypothesen erklärbar war. —

Die zweite experimentelle Prüfung ist folgende: Die Spektrallinien des von Sternen großer Masse zu uns gelangenden Lichtes sind der Theorie nach gegenüber den gleichartigen, irdisch erzeugten, etwas nach dem Rot hin verschoben. Auch dies scheint sich nach den bisherigen Resultaten der Beobachtung zu bewahrheiten[1]). Dieses Experiment gestattet eine direkte Prüfung des Äquivalenzprinzips, der Grundlage der allgemeinen Relativitätstheorie. Daher ist es von so außerordentlicher Bedeutung. —

---

[1]) Sitzung der Deutschen Physikalischen Gesellschaft 1919, Bericht von Dr. *Erwin Freundlich*, vgl. auch: *Grebe* und *Bachem*, „Über die Einsteinverschiebung im Gravitationsfeld der Sonne". Zeitschr. f. Physik, 1. Band, 1920, Heft 1

Außerdem lieferte die Ende Mai 1919 beobachtete Sonnenfinsternis eine weitere experimentelle Bestätigung der allgemeinen Relativitätstheorie. Der Theorie nach mußten die dicht an der Sonne vorbeigehenden Lichtstrahlen, die sonst in der leuchtenden Atmosphäre nicht beobachtbar sind, eine meßbare Krümmung erleiden durch das Gravitationsfeld der Sonne. Es konnte nun tatsächlich eine solche Krümmung beobachtet werden, deren Zahlenwert bisher als zwischen 0,9 und 1,8 Bogensekunden angegeben wurde[1]), also dem berechneten von 1,7″ möglicherweise auch quantitativ genau entspricht. Mit der Krümmung ergibt sich auch eine Variabilität der Lichtgeschwindigkeit, welche uns als Funktion des Gravitationspotentials erscheint[2]). —

Mehr aber noch als alle Experimente fällt es für die Brauchbarkeit der Theorie ins Gewicht, daß ihre Ergebnisse unter der notwendigen Spezialisierung auf die seit Jahrhunderten bewährte *Newton*sche Theorie führen. Wenn man die *Einstein*sche Rechnung kennt und weiß, daß er durchaus keine Ausgangspunkte gewählt hat, die mit Selbstverständlichkeit auf die *Newton*schen Gleichungen im Falle des irdischen Feldes führen mußten, sondern von gänzlich anderen Grundlagen ausgegangen ist, so muß man es als überraschende und zwingende Bestätigung empfinden, aus den allgemeinsten Gleichungen die *Newton*sche als erste Näherung hervorgehen zu sehen.

---

[1]) Vgl. Mitteilung von *Einstein* an die Herausgeber der „Naturwissenschaften" über den Ausfall der von *Eddington* zur Prüfung der Sonnenfinsternis unternommenen Expedition. Die Naturwissenschaften, Heft 42, 1919, 17. Oktober.

[2]) Im Spezialfall — wenn die spezielle Relativitätstheorie in ihre Rechte tritt, — ist die Lichtgeschwindigkeit naturgemäß konstant. Also auch hier keinerlei Widerspruch zu den früher gemachten Annahmen.

Das Maß von Willkür, das in dem *Einstein*schen Ansatz liegt, ist denkbar gering. So erscheint es auch durchaus natürlich, daß er die geodätische Linie an Stelle der Geraden als Bahnkurve des bewegten Punktes betrachtet[1]). Auf nur wenigen Hypothesen aufbauend, erreicht seine Theorie eine seltene und großartige Geschlossenheit.

10.

Das kosmologische Problem.

Eine wenn auch nur kurze Darstellung des kosmologischen Problems, dem *Einstein* im Sinne seiner Theorie eine Lösung gegeben hat[2]), ist für uns von großem Interesse im Zusammenhang mit dem Problem der ersten Antinomie.

Einstein empfand die implicite in der *Newton*schen Formel liegende kosmologische Lösung als höchst unbefriedigend. Wenn die *Newton*sche Theorie exakt gilt, so müssen wir nämlich annehmen, daß wir uns gleichsam auf einer „Materieinsel" im absolut leeren Raum befinden[3]). Diese Annahme ist aber ebenso unnatürlich wie unbefriedigend. Sämtliche Energien würden allmählich in

---

[1]) *Einstein* macht die bewußte Hypothese, daß auch in solchen Gravitationsfeldern, die sich nicht auf dem gewöhnlichen Transformationswege aus galileischen Systemen ergeben, die geodätische Linie die Bewegung des Massenpunktes richtig deutet.

[2]) *Einstein*, „Kosmologische Betrachtungen zur allgemeinen Relativitätstheorie", Sitzungsberichte der Preuß. Akademie der Wissenschaften. — Derselbe, Vorlesungen über allgemeine Relativitätstheorie, Sommersemester 1919.

[3]) Oder daß die Dichte der Materie ständig abnehmend bei immer größer werdender Entfernung sich der Null (als Grenzfall) nähert.

den leeren Raum abwandern und verloren gehen. Die Gesamtenergie der Materieinsel näherte sich stetig der Null und würde eines Tages verschwunden sein. Auch findet es *Einstein* höchst unbefriedigend für den Physiker, wenn er durch die Setzung des absolut leeren Raumes (als Ursache) der Möglichkeit beraubt ist, nur beobachtbare Tatsachen als Ursachen anzugeben. Hierin sieht *Einstein* einen Verstoß gegen das Kausalgesetz im naturwissenschaftlichen Sinne. Der Astronom *Seeliger* versuchte, dieser fatalen Konsequenz auszuweichen, was ihm durch eine zu diesem Zwecke aufgestellte Hypothese auch gelang. Die *Einstein*sche Lösung setzt keine neuen Hypothesen, sondern ergibt sich als rechnerische Konsequenz aus dem Ansatz seiner Feldgleichungen[1]). Die einzige Annahme, die *Einstein* macht — und wie jede zugrunde gelegte Annahme ausdrücklich erwähnt —, ist, daß die mittlere Verteilung der Materie im Universum eine homogene ist, das heißt also: *Einstein* setzt das Universum als im Durchschnitt homogen erfüllt voraus. Dies Erfülltsein von Materie, von deren „mittlerer“ oder „durchschnittlicher Dichte“ er spricht, ist also die zugrunde gelegte Annahme.

Somit schließt *Einstein* den „intramundanen“ sowie den „extramundanen“ leeren Raum (vgl. *Kant*) bereits durch diese Hypothese aus. Es ist von Interesse zu wissen, daß eine Annahme wie diese in keinerlei Widerspruch zu den physikalischen Überlegungen *Kants* steht. So lesen wir beispielsweise in der „Allgemeinen Anmerkung zur Dynamik“: „. . . daß der Raum, wenn man es nötig finden sollte, auch ohne

[1]) Die relativistischen Gravitationsgleichungen lassen übrigens die Deutung der „Materieinsel“ auch zu, sie schließen keineswegs die Notwendigkeit der *Einstein*schen Lösung ein, sondern nur deren Möglichkeit.

leere Zwischenräume innerhalb der Materie auszustreuen allenfalls durchgängig ... erfüllt angenommen werden könne.“ —

Unter Zugrundelegung der genannten Hypothese kann das Universum, in dem nur relativ kleine Sterngeschwindigkeiten bekannt sind, durch ein statisches approximiert werden. Das hat *Einstein* getan, und er erhält eine weit befriedigendere Lösung des kosmologischen Problems: Bei durchschnittlich gleichmäßiger Verteilungsdichte der Materie sind die Gleichungen gelöst durch eine sphärische Struktur des Universums, das im Grenzfall auf den euklidischen Raum führt. Das Universum ist endlich geschlossen[1]) aber doch unbegrenzt (das heißt ohne Grenzflächen), bedingt durch die Eigenschaften der Gravitationsfelder — letzten Endes also durch die Materie.

Endlich und doch ohne absolute Grenzen ist beispielsweise die Oberfläche einer Kugel. Man darf sich aber unter sphärischer Struktur nicht etwa, den von einer Kugel begrenzten Raum vorstellen. Das wäre ja nur ein Ausschnitt. Aber hier handelt es sich um das All, nicht um einen Teil desselben. Vorstellbar ist die sphärische, respektive quasisphärische Struktur auf solche Weise überhaupt nicht. *Einstein* gibt eine Methode an, sich solch eine nichteuklidische Welt näherzubringen: Man denke sich anstatt der „euklidischen Kuben“, mit denen die Welt erfüllbar vorgestellt wurde, verzerrbare und dehnbare, die z. B. mit zunehmender Entfernung immer größer werden und im Unendlichen unendlich groß. — Der Begriff des Unendlichen ist für *Einstein* ein reiner

[1]) Um Mißverständnissen vorzubeugen, sei darauf hingewiesen, daß *Einstein* von „Endlichkeit“ oder „Unendlichkeit“ der Welt nur in bezug auf die „Lagerungsmöglichkeiten der Dinge“ spricht.

Maßbegriff, der nur sinnvoll wird durch Angabe eines Maßstabes. Dasselbe Gebilde kann als endlich oder unendlich aufgefaßt werden[1]).

Es ist aber nicht — wie man wohl häufig hört — diese Schwierigkeit der „Vorstellbarkeit der sphärischen Struktur" dadurch bedingt, daß man in mehr als 3 Dimensionen nicht „vorstellen" könne im Sinne eines Reproduzierens von Wahrnehmungseindrücken. Die sphärische „Nichteuklidizität" ist durchaus dreidimensional; und die Zeit kommt als 4. bestimmende Größe, als 4. Koordinate, zu den 3 räumlichen Bestimmungsmöglichkeiten hinzu. Die Unanschaulichkeit der gefürchteten 4. Dimension im Räumlichen kommt hier gar nicht in Betracht. Die Möglichkeiten der „Vorstellbarkeit" liegen hier — so könnte man sagen — wie für das euklidische Universum, im Dreidimensionalen. Dies sei nur erwähnt, weil häufig solche Verwechslungen gemacht worden sind[2]).

Aus der Berechnung der Krümmung des Raumes ergeben sich interessante Resultate. *Einstein* erhält das sogenannte „Volumen" des Universums als Funktion

---

[1]) Vgl. Die Projektion der auf einer Kugelfläche (endlich) gelagerten Punkte auf eine Ebene (unendlich). Oder arithmetisch: die Auffassung derselben Strecke (von 0 bis 1) als endlich oder (bei Darstellung durch den Logarithmus) als unendlich. Hiermit ist verdeutlicht, wieso das Unendliche ein Maßbegriff ist.

[2]) Unsere Vorstellungen sind nach *Einstein* nur durch die Erfahrungen, die wir in so verhältnismäßig „kleinen Dimensionen" machen, irregeführt. (Wir nehmen deshalb starre Körper und euklidische Geometrie an.) Irregeführt wie diejenigen von Bewohnern einer Kugelfläche, die sich in der Lage glauben, den Boden, auf dem sie wohnen, mit kubischen Pflastersteinen pflastern zu können. Erst wenn sie hinreichend weit gekommen sind, werden sie sich der Unmöglichkeit dieses Verfahrens bewußt.

der mittleren Dichte der Materie. Rechnerisch ergibt sich — der Annahme über die Verteilungsdichte entsprechend — die Unmöglichkeit des leeren Raumes. Denn mit der Masse gleichzeitig würde auch das Volumen zu Null werden, das ersieht man aus der *Einstein*schen Formel beim Grenzübergang.

Daß *Kant* nicht nur der Grundannahme, sondern auch der Lösung *Einsteins* (das kosmologische Problem betreffend) durchaus verwandte Gedankengänge hatte, wird sich bei der Betrachtung der 1. Antinomie ergeben. Hier sei auf die „Dynamik" verwiesen, in der *Kant* „die zurücktreibende Kraft" einführte und dann die „wahre und unmittelbare Anziehung als Grundkraft" für notwendig erklärte. Es heißt dort: „... Hieraus entspringt nun schon ein großer Vorteil für die Naturwissenschaft, weil ihr dadurch die Last abgenommen wird, aus dem Vollen und Leeren eine Welt bloß nach der Phantasie zu zimmern, vielmehr alle Räume voll und doch in verschiedenem Maße erfüllt gedacht werden können, wodurch der leere Raum wenigstens seine Notwendigkeit verliert und auf den Wert einer Hypothese zurückversetzt wird, da er sonst ... sich des Titels eines Grundsatzes anmaßen konnte." *Kant* zog wohl die Möglichkeit einer anderen als *Newton*schen Mechanik kaum in Erwägung. Die aus der exakten Gültigkeit der *Newton*schen Gravitationsformel sich ergebende, kosmologische Konsequenz hat er aber wohl klar eingesehen und auch als unbefriedigend empfunden.

Es ist mit Recht hervorgehoben worden[1]), daß die *Giordano Bruno* begeisternde Einsicht der Grenzenlosigkeit des Universums auch für *Einstein* bestehen bleibt. Nur

[1]) *Schlick*, „Raum und Zeit in der gegenwärtigen Physik". Verlag Jul. Springer, Berlin. 2. Aufl. 1919, S. 65.

war für *Bruno* die Unmöglichkeit, absolute Grenzen des Raumes zu setzen, gleichbedeutend mit der Bejahung der Unendlichkeitsfrage. Hierin unterscheidet sich das *Einstein*sche Weltbild von dem des großen Nolaners. *Giordano Bruno* war von dem Wunsch beseelt, eine dem kopernikanischen System konforme Metaphysik zu gestalten, während *Einstein* nur das physikalische Weltbild seiner physikalischen Theorie entsprechend vervollständigen wollte. Er geht von physikalischen Voraussetzungen aus und kommt in konsequenter Methode zu physikalischen Ergebnissen. Diese Ergebnisse haben aber eine hohe erkenntnistheoretische Bedeutung. *Einstein* hat tatsächlich Neues auch für die naturwissenschaftliche Begriffsbildung geleistet. Er hat nachgewiesen, daß die Begriffe von Raum und Zeit für den Physiker nur in Verbindung mit dem Begriff der Materie sinnvoll sind, daß die „bindenden Kräfte“[1]), die *Riemann* als notwendig zur Bestimmung der Maßverhältnisse des Raumes ansah, die Gravitationskräfte sind. *Einstein* hat durch seine physikalische Theorie der *Riemann*schen Mathematik einen Inhalt gegeben[2]).

Die Materie, die die Metrik des Raum-Zeitkontinuums und das Gravitationsfeld bestimmt, macht die Begriffe von Raum und Zeit erst zu physikalisch brauchbaren. Nur die Erkenntnis der untrennbaren Zusammengehörigkeit von Raum, Zeit und Materie ermöglicht eine wissenschaftliche Beschreibung des Naturgeschehens. Mit Hilfe dieser neuen Einsicht in die naturwissenschaftliche Begriffsbildung und damit in die Naturgesetzlichkeit selbst können die beobachteten Tatsachen

---

[1]) Vgl. *Riemann* l. c.

[2]) Vgl. hierzu *Weyl*, „Raum, Zeit, Materie“, 1918, der diesen Zusammenhang in meisterhafter Weise klarlegt.

in der Sprache der mathematischen Physik ausgedrückt und widerspruchslos gedeutet werden. — Ganz wesentlich erhöht wird die Einheitlichkeit des Weltbildes durch das Eingehen der Gravitation in den Erhaltungssatz, nach dem ihre Formulierung als Feldgesetz sie durchaus homogen dem System der theoretischen Physik eingeordnet hat.

II.

Die erste Antinomie.

Die Problemstellung der ersten Antinomie, die für *Kant* den Ausgangspunkt seiner Raum-Zeitlehre bot[1]), müssen wir noch etwas näher betrachten wegen der zur *Einstein*schen Kosmologie zu ziehenden Parallele.

Die Sinnenwelt, die nur ein „Inbegriff der Erscheinung" ist, deren „Dasein nur in der Erfahrung stattfindet", kann die Begrenztheit oder Unbegrenztheit der Welt nicht in sich enthalten. Daß diese durch die Erfahrung nicht nachzuweisen ist, lehren die Prolegomena[2]). — In der Kritik der reinen Vernunft geht *Kant* aus von der Idee der Totalität der Synthesis der Erscheinungen, und zwar der regressiven Synthesis. Diese nur führt nach *Kant* auf ein notwendiges Problem, während der Progressus auf ein willkürliches führt. Nur die Reihe der Bedingungen in antecedentia, nicht die in consequentia fortschreitende muß in ihrer Totalität gegeben sein[3]), „weil wir zur vollständigen Begreiflichkeit dessen, was in der Erscheinung gegeben ist, wohl der Gründe, nicht aber der

[1]) Näheres hierüber vgl. *Riehl*, „Kritizismus", S. 343 u. 355.

[2]) „Prolegomena zu einer jeden künftigen Metaphysik, die als Wissenschaft wird auftreten können", § 52c.

[3]) K. d. r. V. S. 438.

Folgen bedürfen". Das Zugleichsein aller Teile des Raumes[1]), der nach *Kant* „ein Aggregat", aber keine Reihe darstellt, wie es die Zeit tut, scheint den Unterschied zwischen Progressus und Regressus im Räumlichen unmöglich zu machen. Diese im eigentlichen Sinne nur für die Zeit zutreffende Unterscheidung wird durch die Begriffe des Messens und des Begrenztseins auf den Raum übertragen, weil die Synthesis der mannigfaltigen Teile des Raumes, wodurch wir ihn „apprehendieren", doch „sukzessiv" ist. Das Messen des Raumes läßt sich daher einer Reihe vergleichen, wenn auch der Unterschied von Regreß und Progreß nicht bei dieser „Synthesis einer Reihe der Bedingungen zu einem gegebenen Bedingten" in Erscheinung tritt. Diese Möglichkeit ergibt sich erst, wenn ein begrenzter Raum und mit ihm ein anderer Raum als Bedingung seiner Grenze vorausgesetzt wird. Auf Zeit und Raum bezieht sich also die Fragestellung nach der absoluten Totalität der Synthesis in der Reihe der Bedingungen. —

Es handelt sich in der ersten Antinomie um die „kosmologischen Ideen", um „Weltbegriffe", die transzendent sind, obwohl sie das „Objekt, nämlich Erscheinungen der Art nach nicht überschreiten", sondern weil sie „die Synthesis bis auf einen Grad, der alle mögliche Erfahrung übersteigt, treiben"[2]). „Mögliche Erfahrung ist das, was unseren Begriffen allein Realität geben kann; ohne das ist aller Begriff nur Idee ohne Wahrheit und ohne Beziehung auf einen Gegenstand[3])."

[1]) Dieses „Zugleichsein" aller Teile des Raumes ist ebenso wie das „Nacheinander" der Zeit„teile" ein charakteristisches Merkmal der „Anschauungsformen" bei Kant, das aber keinerlei Aussagen über bestimmte Maßverhältnisse enthält.

[2]) „System der kosmologischen Ideen", K. d. r. V. S. 447.

[3]) „Skept. Vorst. der kosm. Fragen ...", K. d. r. V. S. 517.

Der Regressus ist der empirische Begriff, nach dem sich die kosmologische Idee „richten muß“, wenn sie nicht ein „bloßes Gedankending“ sein will. „Das All aber in empirischer Bedeutung ist jederzeit nur komparativ[1].“ Die Schuld an dem im inneren Wesen der reinen Vernunft begründeten Widerspruch kann nicht in diesem Regressus liegen.

Damit kommen wir zur Lösung der Frage. Sie liegt in dem transzendentalen oder formalen Idealismus, diesem „Lehrbegriff“, auf den *Kant*, wie schon erwähnt, eben durch das Antinomienproblem geführt wurde. „Die Welt ist ihrer Größe nach unendlich“ und der Gegensatz: „Die Welt ist ihrer Größe nach endlich“ sind nicht kontradiktorisch entgegengesetzt, denn das enthielte implizite die Voraussetzung, daß die Welt (das heißt die Reihe der Erscheinungen) ein Ding an sich sei. Nimmt man aber diesen „transzendentalen Schein“ fort, so bleibt anstatt der Antinomie nur ein „dialektischer Widerstreit“. Die Welt ist also weder ein endliches noch ein unendliches Ganzes, sie existiert nur im empirischen Regreß, nicht als unbedingtes Ganzes. Die Idee der Totalität ist nur auf die Dinge an sich anwendbar und wird in der Antinomie fälschlich auf Erscheinungen angewandt. Das Bedingte als Gegebenheit bringt den Regressus in der Reihe der Bedingungen als „aufgegeben“ mit sich, während für die „Dinge an sich selbst“ der Regreß nicht „aufgegeben“, sondern in seiner Totalität gleichzeitig mit dem Bedingten „gegeben“ ist. Bei dem dialektischen Argumente: „Wenn das Bedingte gegeben ist, so ist auch die ganze Reihe aller Bedingungen desselben gegeben; nun sind uns die Gegenstände der Sinne

[1] „Von den transzendentalen Aufgaben der reinen Vernunft“, K. d. r. V. S. 511.

als bedingt gegeben usw.[1]),“ geht der Obersatz auf die „Dinge an sich“, während der Untersatz sich auf Erscheinungen bezieht. Darin liegt der Grund des Fehlschlusses, der aber nicht ein „erkünstelter Betrug“, sondern eine „natürliche Täuschung der gemeinen Vernunft“ ist. — Die kosmologischen Ideen geben nun also lediglich ein regulatives Prinzip für das Fortschreiten im Regressus, kein konstitutives Prinzip oder „Prinzip der Möglichkeit der Erfahrung“. Dieser Regreß ist ein Fortschreiten in indefinitum, nicht in infinitum; weil das Setzen einer absoluten Weltgrenze unmöglich ist, geht der Regreß in indefinitum. Und dieser in indefinitum gehende Regreß ist notwendig als „empirischer Begriff“; die Welt existiert nur im empirischen Regreß.

12.

Endergebnisse: Kant und Einstein.

Kants transzendentaler Idealismus steht, wenn er richtig gedeutet wird, zur *Einstein*schen Physik und auch deren erkenntnistheoretischen Ergebnissen in keinerlei Widerspruch. *Kants* Anschauungsformen geben gleichsam nur ein Schema, ein Gesetz der Anordnung und Einordnung. In seinem Werk über die spezielle Relativitätstheorie [2])

---

[1]) K. d. r. V. S. 527.

[2]) „Das Relativitätsprinzip“, 1913, S. 37—38. Dort heißt es: . . . „Denn die Zeit ist wie der Raum in *Kants* Ausdrucksweise eine reine Form unserer Anschauung; ein Schema, in welches wir die Ereignisse einordnen müssen, damit sie im Gegensatz zu subjektiven, in hohem Maße zufälligen Wahrnehmungen objektive Bedeutung gewinnen, und damit eine der Bedingungen für die Möglichkeit von objektiven Erfahrungstatsachen. Diese Einordnung kann nur auf Grund der empirischen Kenntnis der Naturgesetze vollzogen werden.“

hat *v. Laue* deren Verträglichkeit mit der kantischen Lehre aus den genannten Gründen vertreten. Auch für die allgemeine Theorie gilt das gleiche. Je weniger „physikalische Gegenständlichkeit" den Begriffen von Raum und Zeit an sich genommen zukommt, desto mehr gleichen sie sich den kantischen formalen Prinzipien an, desto mehr entfernen sie sich gleichzeitig von dem „wirklichen" absoluten Raum und der „wirklichen" absoluten Zeit, den physikalisch nachweisbaren Gegebenheiten[1]). *Kant* selbst bezeichnet diese als „Undinge", und sie existierten für ihn ebensowenig als sinnlich wahrnehmbare Dinge mit physikalischen Eigenschaften wie für *Einstein*[2]). Die *Einstein*sche Physik weist also in dieser Hinsicht weniger Widersprüche zur kantischen transzendentalen Ästhetik auf, als irgendeine frühere Physik. Daß nach der allgemeinen Relativitätstheorie die Systeme alle gleichberechtigt sind, ist höchstens ein Grund mehr für die Möglichkeit der Einordnung in das Schema der reinen Anschauungsformen.

Nicht nur *Kants* Ausführungen in der „Kritik der reinen Vernunft" berechtigen uns, die Widersprüche seiner Lehre zur Relativitätstheorie zu leugnen, sondern vor allem diejenigen der „Metaphysischen Anfangsgründe der Naturwissenschaft". Deshalb wurde *Kants* Stellung zum Raum-

[1]) Vgl. l. c. „Dynamik, Lehrsatz 8, 2. Anm.: „Es ist aber ein Unterschied zwischen dem Begriffe eines wirklichen Raumes, der gegeben werden kann, und der bloßen Idee von einem Raume . . .".

[2]) Eine Verwechslung des „physischen Raumbegriffs mit seinen Repräsentanten" liegt bei *Kant* nicht vor, wie *Schlick* behauptet. l. c. S. 78.

und Bewegungsproblem auf Grund dieser Schrift in aller Ausführlichkeit dargelegt. Nirgends hat *Kant* seine Auffassung der Grundprinzipien der Physik klarer zum Ausdruck gebracht als dort. Gerade die Verschmelzung dieser Auffassung mit seiner Philosophie verleiht dieser Schrift die für unsere Untersuchung entscheidende Bedeutung. Und diese Verschmelzung erst kennzeichnet *Kants* Gesamteinstellung zu unserem Problem, deren Kenntnis unbedingt notwendig ist, um die Beziehungen zur Relativitätstheorie erschöpfend erörtern zu können.

Kants „reiner Raum" oder auch „absoluter Raum" ist kein wirkliches Ding, sondern ein formales Prinzip, andererseits aber sind die Dinge als bestimmend für den Raum anzusehen, „insofern er von Erscheinungen erfüllter Raum ist". In der zweiten Anmerkung zur Antithesis der ersten Antinomie heißt es[1]; „der Raum ist bloß die Form der äußeren Anschauung aber kein wirklicher Gegenstand ... Der Raum kann also absolut (für sich allein) nicht als etwas Bestimmendes in dem Dasein der Dinge vorkommen, weil er gar kein Gegenstand ist, sondern nur die Form möglicher Gegenstände. Dinge also als Erscheinungen bestimmen wohl den Raum, das ist unter allen möglichen Prädikaten desselben (Größe und Verhältnis) machen sie es, daß diese oder jene zur Wirklichkeit gehören; aber umgekehrt kann der Raum als etwas, welches für sich besteht, die Wirklichkeit der Dinge in Ansehung der Größe und Gestalt nicht bestimmen, weil er an sich selbst nichts Wirkliches ist." Diese so überaus klare Darstellung *Kants* sollte alle Mißverständnisse seiner Raumtheorie ein für allemal unmöglich machen.

[1]) K. d. r. V. S. 459.

Überraschend modern gedacht erscheint uns die zitierte Stelle. Sie eröffnet wohl eher einen Ausblick auf die moderne Physik, als daß sie im Widerspruch zu ihr steht. Man muß sich aber hüten, zuviel in solche Äußerung hineinzuinterpretieren. Es soll hier keineswegs behauptet werden, daß Kant von den durch die *Einstein*sche Theorie geforderten metrischen Verhältnissen des Raumes irgendwelche Vorstellung hatte. Aber es geht daraus hervor und dürfte wohl keinem Zweifel unterliegen, daß seine transzendentalphilosophischen ebenso wie seine physikalischen Betrachtungen zu der von der Physik genommenen Entwicklung in keinerlei Widerspruch stehen.

Daß *Einstein* seiner Physik eine nichteuklidische Geometrie zugrunde gelegt hat, ist wohl für die meisten Kantianer der Stein des Anstoßes gewesen. Warum eine nichteuklidische Beschreibungsweise gewählt werden mußte, ist klargelegt worden. Wenn man auf *Einsteins* Standpunkt steht, ist deshalb keineswegs die Frage der Transzendentalphilosophie nach der objektiven Gültigkeit synthetischer Urteile a priori sinnlos geworden. — Der heftige und oft überhebliche Ton, in dem so viele moderne Physiker die kantische Raum-Zeitlehre als eine vollkommen überwundene verwerfen, erscheint daher als durchaus ungerechtfertigt. Welchen Charakter das Apriori *Kants* hat, ist dargestellt worden, ebenso, daß die *Einstein*sche Physik weder *Kant* widerspricht, noch auch ihn überflüssig macht. *Kant* hat in den Prolegomenen einen Weg eingeschlagen, welcher dem in der Kritik der reinen Vernunft beschrittenen entgegengesetzt ist. In den Prolegomenen nämlich wählt er die bestehenden Wissenschaften: reine Mathematik und reine Naturwissenschaft zum Ausgangspunkt seiner Betrachtungen. Dieser rein formale Unterschied bedingte wohl häufig die gänzlich irrtümliche Auffassung der Transzendentalphilosophie *Kants*. Ihre Bewertung davon abhängig zu machen, ob eine euklidische oder eine Mehrzahl nichteuklidischer Geometrien in der Physik zur eindeutigen Beschreibung der Naturgesetze anzuwenden ist, hieße den Sinn der kantischen Lehre gänzlich mißverstehen, hieße in den „reinen" Anschauungsformen etwas Empirisches suchen, eine inhaltliche Bestimmtheit in sie hineinlegen, die *Kant* ausdrücklich ausgeschlossen hat. Daß *Kant* seine Formulierung so wählte, wie er es tat, sollte eigentlich keinen Zweifel mehr lassen, daß jede Entwicklungsmöglichkeit der Physik gegeben ist. Die Einordnungsmöglichkeit bleibt als Invariante gegenüber dem Wechsel bestehen. So vertritt auch *Cassirer*[1]) einen solchen Standpunkt, wenn er sagt: „... In diesem Sinne will die kritische Erfahrungslehre in der Tat gleichsam die allgemeine Invariantentheorie der Erfahrung bilden ..." Von der Transzendentalphilosophie sagt er: „... so werden hier diejenigen universellen Formelemente zu ermitteln gesucht, die sich in allem Wechsel der besonderen materialen Erfahrungsinhalte erhalten." In diesem Sinne sind *Kants* reiner Raum und reine Zeit „universelle Formelemente". —

Ob *Kant* die Exemplifizierung seiner Theorie anders gestaltet hätte, wenn er den heutigen Stand der Mathematik und Physik hätte zugrunde legen können, läßt sich nicht entscheiden, ist aber für unsere Fragestellung auch gänzlich irrelevant. Jedenfalls hat er fast ein Jahrhundert früher als *Riemann*[2]) die Möglichkeit mehr als dreidimensionaler Geo-

[1]) *Ernst Cassirer*, „Substanzbegriff und Funktionsbegriff" Berlin 1910, Verlag Br. Cassirer, S. 356.

[2]) Vgl. *Riemann*, „Über die Hypothesen ...", l. c. 1854

metrien in den Bereich seiner Betrachtungen gezogen. In seiner gegen *Leibniz'* Lehre von den lebendigen Kräften gerichteten Schrift aus dem Jahre 1747[1]) gibt *Kant* eine Darstellung der ihm eigenen Anschauungen über die Gründe der Dreidimensionalität des Raumes. Es berührt ganz merkwürdig, in dieser frühen, teils naturwissenschaftlichen, teils recht metaphysischen Abhandlung *Kants* die Dreidimensionalität des Raumes mit physikalischen Eigenschaften der Materie in Zusammenhang gebracht zu sehen. Die Überschrift des § 10 des ersten Hauptstückes lautet: „Es ist wahrscheinlich, daß die dreifache Abmessung des Raumes von dem Gesetze herrühre, nach welchem die Kräfte der Substanzen ineinander wirken." „Das Gesetz", nach dem „ein Raum abgemessen" wird oder die „Dimension der Ausdehnung" wird, wie *Kant* ausführt, „von den Gesetzen herrühren, nach welchen die Substanzen vermöge ihrer wesentlichen Kräfte sich zu vereinigen suchen". Er meint unzweifelhaft die *Newton*sche Gravitationskraft, denn der nächste Absatz ist überschrieben: „Die dreifache Abmessung scheinet daher zu rühren, weil die Substanzen in der existierenden Welt so ineinander wirken, daß die Stärke der Wirkung sich wie das Quadrat der Weiten umgekehrt verhält." Am seltsamsten mutet uns wohl *Kants* Behauptung an, daß dies Gesetz ein willkürliches sei, daß Gott dafür ein anderes, z. B. eine umgekehrte Proportionalität zur dritten Potenz, hätte wählen können, und daß dann „aus diesem Gesetz auch eine Ausdehnung von anderen Eigenschaften und Abmessungen geflossen wäre. Eine Wissenschaft von allen diesen möglichen Raumesarten wäre ohnfehlbar die höchste Geometrie, die ein endlicher Verstand unternehmen könnte".

---

[1]) „Gedanken von der wahren Schätzung der lebendigen Kräfte . . .". 1747 (1746—1749), Akademie-Ausgabe, Bd. I.

Kant weist also als erster auf den Zusammenhang von Geometrie und Physik, speziell Gravitation, hin. Erst die *Einstein*sche Physik hat in dem Fundamentaltensor, der die Metrik des Raumes und das Gravitationsfeld bestimmt, den von *Kant* vorgeahnten Zusammenhang wissenschaftlich zu deuten gewußt. Immerhin ging *Kants* Scharfblick schon so weit, daß er die Möglichkeit mehrdimensionaler Geometrien voraussah und den Begriff der „höchsten Geometrie" schuf, während man ihn heute nicht nur für überwunden und veraltet hält, sondern behauptet, daß die ganze Problemstellung seiner Transzendentalphilosophie durch die bloße Möglichkeit mehrdimensionaler Geometrien sinnlos wäre. Daß diese Auffassung irrig ist, beweisen die zitierten Sätze. *Kant* begründet dann im folgenden „die Unmöglichkeit, die wir bei uns bemerken, einen Raum von mehr als drei Abmessungen uns vorzustellen" durch die Übertragung des *Newton*schen Gesetzes auf psychische Vorgänge. Diese Gedankengänge leiten zu mehr oder weniger metaphysischen Spekulationen über die Existenzmöglichkeit solcher Räume „von anderen Abmessungen" über. Wenn auch *Kant* selbst seine vorkritischen Schriften nur vom Standpunkt seiner kritischen aus beurteilt wissen wollte und viele seiner früheren Ansichten durchaus nicht in vollem Umfang aufrecht erhielt, so ist doch sicherlich für das Verständnis seiner Raumlehre von großer Wichtigkeit, gerade die eben dargestellten Überlegungen als kantische zu kennen. Wir lernen daraus, daß er schon die Möglichkeit mehrdimensionaler Geometrien in Betracht zog und einen Zusammenhang von Geometrie und Gravitationskraft sah. Die Abhängigkeit der Metrik des Raumes von den Gravitationsfeldern, die erst *Einstein* erkannte[1]) und in der Sprache der Tensoranalysis formulierte, konnte von *Kant* nicht eingesehen werden. Aber er begriff als erster die Abhängigkeit der Geometrie des Raumes von der Gravitation. Er sagt ganz unzweideutig hierüber: „Es ist leicht zu erweisen, daß kein Raum und keine Ausdehnung sein würden, wenn die Substanzen keine Kraft hätten außer sich zu wirken. Denn ohne diese Kraft ist keine Verbindung, ohne diese keine Ordnung und ohne diese endlich kein Raum. Allein es ist etwas schwerer einzusehen, wie aus dem Gesetze, nach welchem diese Kraft der Substanzen außer sich wirkt, die Vielheit der Abmessungen des Raumes herfolge[2]).“

Schon hierin liegt eine tiefe Erkenntnis, die des inneren Zusammenhangs zweier ganz getrennter Wissenschaften: der Geometrie und der Physik. Wie weit diese Abhängigkeit geht, und wie die Maßverhältnisse selbst von der Gravitation abhängig sind, konnte *Kant* noch nicht zum Bewußtsein kommen.

Daß die Gesetzlichkeit unserer „Seele“ — später hätte *Kant* wohl eine andere Ausdrucksweise gewählt — unsere Vorstellungen auf den dreifach ausgedehnten Raum beschränkt, kann uns wichtige Aufschlüsse für die Deutung seines transzendentalen Idealismus geben, obwohl er in

---

[1]) *Riemann* hatte über die Natur der „bindenden Kräfte“ nichts Näheres angegeben.

[2]) Vgl. § 9 „Gedanken . . . . .“ l. c. *Kant* hat in dem *Leibniz*schen Beweis der Dreidimensionalität aus der „Dreizahl der Senkrechten zueinander in einem Punkt zu ziehenden Geraden“ den „Zirkelschluß“ wahrgenommen und will dann, nachdem er auch einen vergeblichen Versuch gemacht hat, die Dreidimensionalität rein mathematisch aus „den Potenzen der Zahlen“ zu deduzieren, „die dreifache Abmessung auf die Eigenschaften der Kraft gründen, welche die Substanzen in Absicht auf die Dinge, mit denen sie verbunden sind, besitzen“.

dieser frühen Jugendschrift noch nicht die für die transzendentale Ästhetik charakteristische Formulierung des Raumes als reiner Anschauungsform gibt. Er spricht einerseits von dem Raum, dessen Dimensionenzahl von der Gravitationskraft abhängt, andererseits von dem vorstellbaren Raum und von unserem Vermögen, räumliche Vorstellungen zu haben. Schon in dieser Jugendschrift finden wir die für unsere Fragestelluug höchst bedeutsame Unterscheidung, die sich durch *Kants* gesamte Lehre verfolgen läßt, angedeutet.

Kant behauptet, daß der Raum der dreidimensionalen euklidischen Geometrie identisch ist mit dem Raum, in dem das *Newton*sche Gravitationsgesetz gilt, und die funktionale Abhängigkeit dieser Eigenschaften von einander. *Einsteins* allgemeine Relativitätstheorie steht zu dieser Behauptung durchaus nicht in Widerspruch. Im Gegenteil: In dem Spezialfall konstanter Gravitationspotentiale[1]) ergibt sich auch für *Einstein* ein Raum von euklidischer Metrik. Die verallgemeinerten Feldgleichungen führen unter bestimmten Approximationsgesichtspunkten in erster Näherung auf das *Newton*sche Gesetz. Variieren die Gravitationspotentiale dagegen, so wird die Metrik des Raumes eine kompliziertere, es existiert ein zu berücksichtigendes Gravitationsfeld. Wir finden also auch in diesen für *Einsteins* Physik so charakteristischen Gedankengängen keine Widersprüche zur kantischen Lehre, sie schließen den Spezialfall, den *Kant* betrachtete, ein. *Kants* prophetischer Hinweis hat aber die Entwicklung der Physik in keiner Weise zu beeinflussen vermocht, so daß *Weyl* mit Recht sagt[2]): „Die *Einstein*sche Gravitations-

[1]) Vgl. Anm. 1 Kap. 9.

[2]) *Weyl*, l. c. § 26 „Metrisches Feld und Gravitation".

theorie entspringt eben durch das Zusammentreten zweier Erkenntnisgebiete, die bis dahin in der historischen Entwicklung völlig getrennt verlaufen waren.“ Obwohl *Kant* auf den Zusammenhang dieser Erkenntnisgebiete der Physik und der Geometrie nachdrücklichst hingewiesen hatte, versuchte bis zu *Einstein* niemand, ihn zu deuten. Er erst brachte der Wissenschaft die Erfüllung jener kantischen Prophezeiung durch seine Gravitationstheorie.

Die Widersprüche zwischen Relativitätstheorie und kantischer Philosophie — die häufig stark betont werden, nachdem sie künstlich konstruiert worden sind —, sahen wir bei eingehender Betrachtung der beiden Lehren schwinden[1]).

---

[1]) Das Buch *Ernst Cassirers* „Zur *Einstein*schen Relativitätstheorie. Erkenntnistheoretische Betrachtungen“ (Berlin, Bruno Cassirer, 1921) wurde mir leider erst nach Fertigstellung meiner Arbeit zugänglich. Gern hätte ich sonst die sich so häufig im Verlauf meiner Ausführungen bietende Gelegenheit ergriffen, auf die entsprechenden Betrachtungen des Verfassers hinzuweisen. Bei voller Würdigung der hohen erkenntnistheoretischen Bedeutung der Relativitätstheorie sieht er die Fundamente der Transzendentalphilosophie nicht durch sie erschüttert. Er erkennt den wahrhaft transzendentalen Gesichtspunkt in seiner vollwertigen Geltung neben der modernen Physik an. — So durfte ich in den in Betracht kommenden Punkten eine Übereinstimmung mit den Ergebnissen meiner Arbeit feststellen.

Die Kantauffassung, von welcher Dr. *Hans Reichenbach* in „Relativitätstheorie und Erkenntnis a priori“ (Berlin, Julius Springer, 1920) ausgeht, entspricht nicht dem von *Kant* nachdrücklich betonten Sinn der Transzendentalphilosophie und berücksichtigt überhaupt nicht die für unsere Fragestellung höchst bedeutsamen Formulierungen der „Metaphysischen Anfangsgründe der Naturwissenschaft“, so daß eine Notwendigkeit der Auseinandersetzung mit seinen Endergebnissen für mich auch dann nicht bestanden hätte, wenn seine Schrift vor Beendigung meiner Arbeit erschienen wäre.

Am meisten befremdet vielleicht die Parallele der kosmologischen Lösung *Einsteins* zur ersten der kantischen Antinomien. Gerade dasselbe Argument, das *Einstein* in der Lösung von der „Materieinsel“ keine Befriedigung finden läßt, ist auch für *Kant* ein ausschlaggebendes. „... daß der Raum absolut (für sich allein) nicht als etwas Bestimmendes in dem Dasein der Dinge vorkommen“ darf, das ist auch für *Einstein* eine gedankliche Notwendigkeit. Neben der „Abwanderung der Sterne“, neben dem allmählichen Verschwinden der Energie ist es das Verursachtwerden irgendwelcher beobachtbaren Tatsachen durch den absolut leeren Raum, diese Unabhängigkeit von der Existenz von Materie, die *Einstein* als unbefriedigend empfindet. Das Bedürfnis des Physikers nach Erklärbarkeit, nach kausalem Bedingtsein durch beobachtbare Tatsachen führte *Einstein* bei seinen Überlegungen.

Wie bei *Kant*, so werden wir auch bei *Einstein* auf einen Regressus — ja sogar auch Progressus — in indefinitum, aber nicht in infinitum geführt. *Einstein* kennt ebensowenig Grenzen des Weltalls wie *Kant*. Weil *Einstein* infolge seines Ansatzes bei durchschnittlich homogener Erfülltheit des Universums das „Volumen“ schätzungsweise angab, nahm man an, seine Berechnung führe zur Setzung von Grenzen. Das ist aber, wie klarzulegen versucht wurde, eine durchaus irrige Auffassung. Auch *Einstein* verneint — trotzdem seine Lösung auf ein endlich geschlossenes Universum führt — ebenso wie *Kant*, die empirische Möglichkeit der Setzung absoluter Grenzen. Dies Ergebnis ist erkenntnistheoretisch in hohem Maße befriedigend, sicherlich weit mehr als die durch die *Newton*sche Formulierung postulierte Lösung der „Materieinsel im leeren Raume“. Alle Vorstellungen von der durch *Einstein* geforderten

Krümmung und quasisphärischen Struktur sind unvollkommene — oft nur allzuleicht mißverstandene Analogien. Das Weltall erscheint endlich geschlossen, aber doch unbegrenzt. Die Geschlossenheit ist aber nicht ein Abgeschlossen- oder gar Eingeschlossensein in feste Grenzen; das liegt dem *Einstein*schen Gedanken gänzlich fern. Wir müssen uns gegenwärtig halten, daß ein Fortschreiten ohne Grenzen, in indefinitum möglich ist, ebenso wie das Fortschreiten im empirischen Regreß bei *Kant.*

Einstein errechnet seine kosmologische Lösung aus den von ihm gemachten Ansätzen auf dem Wege der mathematischen Physik, während *Kant* zu seinen Resultaten durch das reine, spekulative Denken gelangt.

Philosophie und Physik führten zu dem gleichen Weltbilde: Der unbedingten Grenzenlosigkeit des Universums.

GPSR Compliance

The European Union's (EU) General Product Safety Regulation (GPSR) is a set of rules that requires consumer products to be safe and our obligations to ensure this.

If you have any concerns about our products, you can contact us on ProductSafety@springernature.com

In case Publisher is established outside the EU, the EU authorized representative is:

Springer Nature Customer Service Center GmbH
Europaplatz 3
69115 Heidelberg, Germany

Batch number: 10682439

Printed by Printforce, the Netherlands